U0175179

冰川之下

揭开古气候的秘密

叶谦 著

青岛出版集团 | 青岛出版社

图书在版编目（CIP）数据

冰川之下：揭开古气候的秘密 / 叶谦著 . — 青岛：
青岛出版社, 2024. 1
ISBN 978-7-5736-1484-1

Ⅰ. ①冰… Ⅱ. ①叶… Ⅲ. ①古气候－青少年读
物 Ⅳ. ①P532-49

中国国家版本馆CIP数据核字(2023)第172179号

BINGCHUAN ZHI XIA: JIEKAI GUQIHOU DE MIMI

书　　名	冰川之下：揭开古气候的秘密
丛 书 名	地球气候之书
著　　者	叶　谦
出版发行	青岛出版社
社　　址	青岛市崂山区海尔路182号（266061）
本社网址	http://www.qdpub.com
策　　划	连建军　魏晓曦
责任编辑	江　冲　王　琰　吕　洁
文字编辑	窦　畅　邓　荃
美术总监	袁　堃
美术编辑	孙　琦　孙恩加
印　　刷	青岛海蓝印刷有限责任公司
出版日期	2024年1月第1版　2024年1月第1次印刷
开　　本	16开（715mm×1010mm）
印　　张	12.25
字　　数	150千
书　　号	ISBN 978-7-5736-1484-1
定　　价	68.00元

编校印装质量、盗版监督服务电话 4006532017 0532-68068050
建议陈列类别：少儿科普

愿本书能成为

你生活航船上的一片帆

叶檀

　　与叶谦博士相识，还要追溯到 30 年前我在美国交流工作时的岁月。叶博士在气候学领域的渊博学识和卓越见解给我留下了深刻的印象。那时，我就能感受到叶博士不仅是在自己熟悉的专业范畴内深耕细作，还对气候变化所引发的相关社会问题非常关注，并致力于在更广泛的领域有所作为。如今，又读到了他的新作，并再次受邀作序，我感到十分荣幸。

　　在科学的世界里，气候变化是一个重要而又复杂的研究领域。对少年朋友们来说，了解气候变化的真相和影响尤为重要。然而，如何用易懂且有趣的方式向他们传达这些复杂的信息呢？叶博士在这套丛书中做了独特的尝试。

　　这套丛书聚焦于气候变化，以深入浅出的方式为少年儿童揭开了这个复杂主题的神秘面纱。作者从少年儿童的兴趣出发，将气候变化这一全球议题巧妙地转化为一个个生动的故事，引领读者探索气候的奥秘，从而使

读者对气候变化有更直观的理解。书中，作者将地球演化史和人类发展史与气候变化相结合，使读者从多角度了解人类活动如何在当今的气候变化中发挥作用，以及未来气候变化可能对人类社会和经济发展带来的潜在影响。这种全面的视角，无疑让这套丛书成为一部富有教育意义的科普佳作。阅读全书，我体会到本丛书有以下三个特点：

一是，本丛书以通俗易懂的方式呈现了气候变化的知识，让少年儿童在阅读过程中能够轻松掌握有关气候变化的科学知识。通过阅读本书，孩子们将了解到地球气候系统的基本知识，包括温室效应、全球变暖和极端天气等现象的成因；认识到气候变化并非遥不可及，而是已经在我们身边悄然发生。同时，书中的科学案例和专家观点将帮助孩子们深入理解气候变化的严峻性和紧迫性。这不仅有助于提高他们的科学素养，更为他们未来的生活和职业选择提供了有价值的参考。

二是，作者在书中不仅展示了气候变化的科

学知识，更传递了一种价值观：我们应尊重自然、保护环境、积极行动。这不仅是对少年儿童的启示，也是对每一个有责任感的世界公民的引导。面对气候变化的挑战，我们每一个人都有责任和义务去了解、去应对。本丛书可作为我们手中的一把钥匙，帮助我们打开了解气候变化的大门。

三是，本丛书向孩子们传递了宝贵的科学精神和探索精神，包括不断求知、不断探索、不断质疑、不断求证的态度；包括对真理的追求、对未知的好奇、对自然的敬畏；也包括在面对困难和挫折时，如何保持坚韧和勇气。在科学探索的道路上，每一个新的发现和突破都让我们更加接近真理。对于气候变化这一全球议题，我们不仅需要深入研究和理解，更需要向更多的人，特别是少年儿童，普及相关知识。这正是本丛书所致力于实现的目标。

总体而言，这是一套启发人心的科普读物，适合所有对地球环境和未来充满关切的大朋友和小朋友阅读。在这个全球变暖的时代，我们需要更多的科学知识

指导行动，来应对这些挑战。希望本丛书能够激发你的好奇心和行动力，协助你投入保护地球的行动中去。只有我们每一个人都积极行动，才能有效调节气候变化，创造一个可持续发展的未来。

在阅读本丛书的过程中，请记住，每一个微小的改变都有可能产生巨大的影响。我们的行动无论多么微小，都会对地球的未来产生影响。让我们一起揭开气候变化的秘密，为了我们的地球，也为了我们的未来。

中国气象服务协会会长、中国气象局原副局长

自序

地球已经有 46 亿年历史了。与太阳不远不近的距离和速度适当的自转、公转，让地球上的大部分地区都能接收到适量的光热。自转所产生的磁场再加上作为卫星的月球，又减少了地球受太阳风侵袭和外来星体撞击的危险。最重要的是，历经数亿年，地球上终于出现了适合生命存在的氧气浓度和使水以三相共存的地表温度。而 700 多万年前人类的出现，更是在目前可探索的亿万星球中绝无仅有的！虽然人类历史只是地球历史长河中的一刹那，但人类活动已经对地球造成了深远的影响，全球气候变化就是其中之一。

40 余年前，我与 29 位来自祖国各地的同学一起走进了北京大学气象专业的课堂。在当时，气象学科是一个颇为小众的科学研究领域。然而今日，气象服务已经能够通过多种渠道为社会提供实时的天气情况和预报。全球各地频繁发生的暴雨、暴雪、干旱、台风、龙卷风等极端天气事件，常常成为各类媒体的头条新闻。全球

气候变化对人类生存环境的潜在威胁，已经激发了许多年轻人积极投身于保护我们生存环境的各项研究和活动中。所有这些都离不开大气科学研究的快速发展。

在本丛书中，我尝试通过讲述与天气、气候有关的地球自然系统和人类社会所发生过的、正在发生的和未来可能发生的小故事，让包括广大少年朋友在内的读者们了解，全球大气科学领域的研究者如何探索和发现我们周边看不见、摸不着，却须臾不可或缺的大气的变化规律。

如果说大气科学与其他自然科学有什么不同，那就是它的研究对象所特有的"天天有、日日新"的特点，以及对人类社会方方面面的影响。我最大的心愿就是希望通过本丛书所抓取的九牛一毛，让关注天气、气候成为读者们日常生活中的兴趣爱好之一。

目录

感受时间的印迹

　　包括人类在内的世界万物，所拥有的最公平的资源就是时间。

　　时间无形、无言，不会怜惜谁，也不会偏向谁。对万物而言，时间是平等的，又是相对的。例如，每个人对时间的感受就完全不同。对等待暑假到来的孩子来说，时间就像蜗牛一样慢慢地蠕动；而对退休赋闲在家的老人来说，时间的流逝又快得如同坐过山车，几十年的工作和生活经历犹如风一般，从眼前一掠而过。

　　为什么人们对时间的感受如此不同呢？因为我们每个人的年龄不同、生活经历不同，用来衡量时间的标准自然也就不同。大多数人只要稍加留意，就能直观地感受到一天、一个月和一年的流逝，因为这与日出日落、月圆月缺和四季交替

等时间自然循环标志相关联。然而，当时间线延长到几十年、几个世纪，甚至更漫长时，人们所能够感受到的时间自然循环标志就会变得越来越模糊。

今天，在现代科技的帮助下，科学家通过考古发掘和分析研究，不仅为我们揭示了人类文明曾经的辉煌，也通过那些制作于数百年前、数千年前，甚至数万年前的实物，帮助我们"穿越"时光，延伸了我们对时间的感受。不过，如果想继续向前追溯，去感受地球百万年、千万年，乃至46亿年的变化，就远远超出了绝大多数人的能力。因为这不仅需要实证，还需要超群的想象力和逻辑推理能力。

以人类对地球诞生时间的推测为例，估算地球年龄的尝试始于西方17世纪的神学研究，最著名的是爱尔兰的詹姆斯·厄谢尔大主教，他推算出地球是在公元前 4004 年被创造出来的。这个推论虽然会让今人发笑，但在当时却被西方社会所普遍接受。

随着现代科学理念和方法的萌芽，一些科学先驱开始尝试研究地球的演化过程。最终，在 1788 年夏季一个晴朗的日子，在苏格兰荒凉的海岸边，三位科学家发现了回望地球"时间深渊"的那扇窗……

回望「时间的深渊」

一块奇特的石头如何揭示地球的年龄？

普普通通的粉笔中隐藏着什么奥秘？

大名鼎鼎的气象学家魏格纳为何多次前往格陵兰岛探险？

出于生存的本能，人类自诞生之日起，就开始观察、认识周围宏大且复杂的地球环境。虽然每个人能见识到的只是大千世界的局部，但人类对未知领域的探索从未止步。

穿越亿万年的西卡角

科学家的一次地质旅行，
将地球年龄拉长到数亿年，
人类自此打开了『时间的深渊』。

科学家的"拼图游戏"

　　人类与其他生物的重要区别,在于人类自诞生之日起,就开始了对自然规律的不懈探索。许多我们耳熟能详的科学家,如伽利略、牛顿和达尔文等,将实验室中的实验、精确测量与数学方法相结合,奠定了现代科学的基础。

　　早期的科学家用他们的观察、实验,甚至付出自己的生命,逐渐改变了人们对世界的认识与理解。做一个不太恰当的类比,科学家的研究工作有点像拼图游戏。不同的是,拼图游戏是通过比对指定图样,找出颜色和形状都符合的拼图块,从而拼成完整的图形。而科学家没有指定图样,不但要寻找有可能包含答案的证据,还要通过自己的想象、推理和实验,将这些证据拼凑在一起。

　　如果这些"拼凑起来"的证据能够满足已经验证过的物理、化学或生物规律,甚至能够用数学公式加以表达,并对未知的现象做出正确的预测,那么,这时科学家才算是在寻找真实的自然规律之旅中又前进了一步。

发现西卡角

　　引言中所提到的三位科学家就是被誉为"现代地质学之父"的

▶ 　走近科学巨匠

詹姆斯·赫顿（1726
—1797），英国地质学家，
"火成论"和"均变论"
的创始人之一。

西卡角

由红色和灰色
的岩石组成，两种
岩石的方向互相垂
直。正是这块奇特
的石头为我们揭示
了地球的年龄。苏
格兰西卡角的不整
合面，也被称为"赫
顿不整合面"。

詹姆斯·赫顿、爱丁堡皇家学会会长詹姆斯·霍
尔爵士和数学家约翰·普莱费尔。

　　詹姆斯·赫顿是一个超前于时代的人，他一
直有一种理念，认为地球的年龄比当时公众所普
遍相信的更为古老。与当时所流行的"上帝创造
世界"的传统理解相比，他的这个想法显得非常
怪异。作为科学家，为自己的观点找寻确切证据
就是研究的关键。而当他们三人乘坐小帆船沿着
苏格兰荒凉蜿蜒的海岸，最终到达一个叫西卡角
的地方时，让赫顿朝思暮想的证据出现了！

约翰·普莱费尔在对这次活动的回忆中写道，站在陡峭的片岩上，望着眼前平缓的红色砂岩，"我们感到有必要回到我们脚下的片岩在海底形成的那个时间去。耸立着的片岩那时应该还在海底，而我们面前的红砂岩还是海中的沙子或泥浆。在更遥远的过去，这些今天耸立的最古老的片岩，正平平地躺在海底，等待着来自地球内部的一种不可估量的力量将它们推举出来。在时间的深渊中回望如此久远的古昔，我们的头脑似乎都为之眩晕"。

虽然当时他们三人在西卡角已经看到了"时间的深渊"，但他们还无法知道形成眼前这一景象，地球到底花了多长时间：沉积物先在海洋底部堆积成岩；然后，这些原本在洋底水平沉积的岩层被某种力量挤压得近乎直立，被迫露出海面；之后，在风和水的侵蚀作用下，富含氧化铁的砂石和淤泥在垂直岩层之上堆积形成红色砂岩，并最终形成了他们所看到的景观。

赫顿站在西卡角上的那一瞬间，不仅奠定了现代地质学的基础，也代表着人类开始正式走入"时间的深渊"。

地球年龄大猜想

真正打破人们对地球年龄常规认知的，离不开19世纪末放射性核物理学在理论和技术上的突破，更要归功于勇于创新的青年一代。

*欧内斯特·卢瑟福*在实验室证实了放射性涉及从一种元素到另一种元素的嬗变，并提出放射性半衰期的概念。他被学术界公认为继迈克尔·法拉第之后最伟大的实验物理学家，并被誉为"近代原子核物理学之父"。

后来，美国耶鲁大学一位刚毕业的年轻大学生伯特伦·博尔特伍德，在听完卢瑟福一次关于放射性衰变的讲演后，将卢瑟福的思路应用在岩石样品的分析中发现，来自同一年代层岩石中的铅和铀的比值是相同的。在越古老的岩石中，铅和铀的比值就越高。因此，通过测量岩石中铅和铀的比值就可以确定岩石的年龄。

最终，通过对26个矿物样本进行年代测定，博尔特伍德将地球的年龄从数千万年延伸至数十亿年。这也标志着借助物理学的研究成果，地质学家最终可以用"百万年"为单位来表达地质时间了。

▶ 走近科学巨匠

　　欧内斯特·卢瑟福（1871—1937），英国物理学家。他因对元素蜕变以及放射化学的研究，荣获1908年诺贝尔化学奖。

科罗拉多大峡谷

也称美国大峡谷，位于美国亚利桑那州西北部的凯巴布高原，是地球上最为壮丽的景观之一。这里也存在着地层不整合现象。

粉笔中的秘密

粉笔能写字，也能『讲述』气候变化的故事，猜测、取证、实验，我们离『真相』越来越近了。

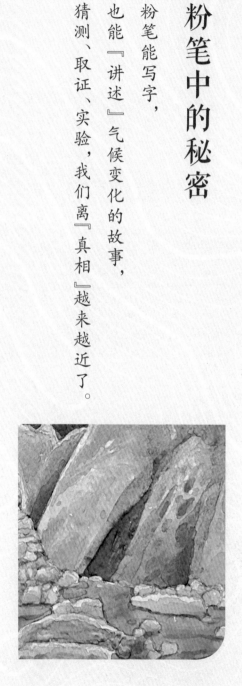

"现在是了解过去的一把钥匙"

今天，作为赫顿关于地球年龄观点的有力实证，苏格兰东海岸的西卡角成为现代地质学重要的地质遗迹之一。但真正让赫顿的理念广为人知，并长期"统治"全球地质学界的，却要归功于他的后辈——另一位英国地质学家查尔斯·莱伊尔。

查尔斯·莱伊尔从小就在父亲的引导下接触博物学。从牛津大学毕业后，虽然他短暂改行从事法律工作，但依旧沉迷于地质学。1827年，他彻底放弃了法律工作，专心研究地质。

莱伊尔历经多年的艰苦努力，通过走访欧洲大部分地区收集了大量一手地质资料。他坚持并证明了地球表面的所有特征都是由难以觉察的、作用时间较长的自然过程形成的，对"均变论"的形成和确立做出了重要的贡献。值得一提的是，他结合前人的成果总结出了一句相当精辟的话："现在是了解过去的一把钥匙。"也就是说，研究现在正在进行的地质活动以及地质活动的遗迹，就可以推测地球历史。这一

▶ **走近科学巨匠**

查尔斯·莱伊尔（1797—1875），英国地质学家，地质学奠基人之一。他在地质学发展史上，曾做出过非凡的贡献。

"将今论古"的现实主义原理和科学方法，不仅极大地推动了地质学理论的发展，也对达尔文提出生物进化论产生了巨大影响。

藏在粉笔里的古气候

从古至今，地质与气候相互影响、相互作用。在莱伊尔的名著《地质学原理》第一版的第一卷

► **了解科学元典**

《地质学原理》对当时和以后的地质科学发展都有很大的影响。1831年，22岁的达尔文就曾随身携带着这部伟大著作的第一卷，开始了历时5年的环球科学考察。

中，有超过三分之一的内容是关于古气候变化的。在书中，他不但明确提出，英国的煤层是由蕨类植物和热带树木所形成的，而且还通过研究制作粉笔的主要原料——石灰石的分布，来解释气候可能发生了怎样的变化。

　　莱伊尔小时候经常用粉笔涂涂写写，因为在离他家不远处有一个白色悬崖，那里就分布着用于制作粉笔的石灰石。后来，莱伊尔在游历丹麦和瑞典时也看到了相同的石灰石。石灰石主要是由碳酸钙构成的，碳酸钙通常是来自温暖水域的

多佛白崖

　　英国有多处白崖，最有名的当数多佛白崖。这处白崖早在冰河时代就已形成，雪白色的崖壁由细小的海洋微生物沉积而成。

生物沉积物。由此，他得出结论，在很早以前，温暖的气候可以向北延伸得更远。后来，为了铺设第一条跨大西洋电报电缆，工程人员在北大西洋海床采集的样本也证明了莱伊尔的推测。

气候变化大猜想

　　赫顿和莱伊尔通过观察分析地质特征，为我们揭示了因地壳运动、地面侵蚀所产生的沉积物在海底沉积的过程，特别是西卡角的地貌还表明这些过程发生过不止一次。

　　莱伊尔进一步推测，陆地和海洋在不同时期的分布造成了英国，乃至欧洲古代气候的变化。他认为陆地和海洋两者都不是永久性的，随着时间的推移，陆地可以变成海洋，反之亦然。如果大部分陆地集中在极地地区，则地球会更冷；如果大部分陆地位于赤道地区，则地球会更暖和。莱伊尔对地球气候变化过程的非凡洞察力，也为后来气候学的发展打下了坚实的基础。

　　赫顿和莱伊尔在地质学领域的创新性发现，

虽然最终为他们带来了荣耀，但在其发布初期也曾遭到很多质疑。这种情况在其他科学领域也曾时常发生，新发现往往得不到同行的认可，更别说让社会公众理解或得到执政者的支持。究其原因，一方面是由于人们对世界和自然的认识受限于传统观念，科学家的新发现和创新理论常常会挑战当时的社会观念和权威；另一方面，科学家所面对的问题越来越复杂，需要反复进行实地观察取证，然后再通过实验反复验证才能确认。

幸运的是，自然规律只要是真实存在的，对它的认识就会随着时间的推移、技术的进步和思想观念的变革，最终被越来越多的人所理解和认可。正是因为经历了重重磨难，那些为追求真理而奋斗终生的科学先驱才会被人类社会所铭记，并激励了一代代人加入科学研究的行列。

冰川下的生日聚会

我们对『大陆漂移学说』并不陌生，但关于魏格纳的故事，你又知道多少呢？

18

最后的聚会

　　1930年11月1日，在北极地区格陵兰岛腹地巨大冰川下的一个冰穴中，五位身上裹着驯鹿皮的男子紧紧地围坐在一起。虽然他们个个面容憔悴，但脸上都流露出坚韧的神情。在一位年纪稍长者的面前，放着一些北极探险期间罕见的"奢侈品"——干果和巧克力。他深情地注视着几位年轻的同伴，眼神中充满了关爱与感激。然后，大家一同轻声唱起了歌。

　　这是发生在历史上的真实一幕，是同伴为庆祝他们所敬重的长者和老师——德国气象学家*魏格纳*50岁生日所举办的小聚会。数小时后，冒着格陵兰的严寒，魏格纳与他的向导乘着狗拉

▶ **走近科学巨匠**

　　魏格纳（1880—1930），德国气象学家、地球物理学家。他从根本上改变了人们对地球内部运动的认识。

雪橇，踏上返回探险总部基地的道路。由于当时没有可用的无线电通信设备，留在冰川附近继续工作的三位科学家无法将他们离开的消息通知总部。令在场所有人都没想到的是，这一别竟然成为他们的永别。

直到第二年，搜索队才在返回基地的途中，发现了已与冰川融为一体的魏格纳。魏格纳的遗体被两个睡袋罩包裹着，放在驯鹿皮上。他的表情显得"放松、平静，几乎在微笑""他的脸看起来更年轻了"。魏格纳的格陵兰向导维卢姆森在小心翼翼地"安葬"了魏格纳后，也失去了踪迹，一同消失的还有魏格纳的日记和一些个人物品。

那么，魏格纳不惧危险多次来到格陵兰岛的原因究竟是什么呢？

千里冰封的"绿土地"

格陵兰岛在丹麦语中的字面意思是"绿色的土地"，它的英文名字"Greenland"也是由此得来的。但实际上，这个面积约为216万平方千米（与我国新疆维吾尔自治区和甘肃省的面积之和相近），并且约五分之四位于北极圈内的极地岛屿，有约85%的面积被茫茫的巨大冰盖所覆盖。

历史学家告诉我们，格陵兰岛名字的来源与另外一个国家——冰岛有关。冰岛的面积只有 10 万余平方千米（相当于我国江苏省的面积）。从地图上看，位于大西洋北部的冰岛离最近的欧洲大陆有近 1000 千米。最先发现冰岛的是来自爱尔兰的修道士，但他们只是将冰岛作为修行的场所，并没有在此定居。冰岛真正意义上的第一批移民是挪威人。他们在 9 世纪后半叶登上冰岛时，遭遇了严寒气候，所到之处都被冰雪所覆盖，冰岛的英文名字"Iceland"由此得来。

后来，著名的挪威维京海盗埃里克·索瓦尔松被政府驱逐，不得不离开冰岛向西航行，并最终发现了格陵兰岛。在那里住了三年多后，为了吸引更多移民，他参考冰岛的取名方式为这个岛屿取名为"绿色的土地"。

格陵兰冰盖的平均厚度约为1500米，最大厚度达3400米。

原来，大陆是动的！

1910 年，魏格纳偶然间发现大西洋两岸，特别是非洲西岸和南美洲东岸的轮廓线非常契合。

有了这个想法后，他将来自不同学科，包括地球物理学、地理学、气象学、生物学及地质学的科学证据联系起来，应用综合的方法恢复这些证据的关系。

1912 年，魏格纳正式提出了"大陆漂移说"这一超越时代的假说。他认为地壳的硅铝层是漂浮于硅镁层之上的，并设想全世界的大陆在以前是一个统一的整体——泛大陆，在它的周围是辽阔的海洋。泛大陆在天体引潮力和地球自转所产生的离心力的作用下，逐渐破裂成若干块，在硅镁层上分离漂移，逐渐形成了今日大洲和大洋的分布格局。1915 年，魏格纳出版了《海陆的起源》这部不朽的著作，进一步论证了这一假说。

但这一假说难以解释大陆移动的原动力、深源地震等问题，再加上他的气象学的学科背景，让地质学界难以接受。

漂移，向着真理的方向

魏格纳为了检验"大陆漂移"这一猜想，曾

多次前往格陵兰岛进行极地探险活动，还在北纬 77° 的冰盖上连续度过了两个冬天。他从北极地区不同地点收集了岩石和沉积物样本，将它们与来自世界其他地区类似的样本进行比较，从而更加坚定了对"大陆漂移"猜想的信心。

1929 年，魏格纳再次组织来自不同学科的年轻科学家远赴格陵兰岛内陆地区。遗憾的是，当年北极地区夏季的天气异常恶劣，虽然探险队在格陵兰岛海边建立起探险大本营，也储备了必需的生活物资，但他们错过了北极地区夏季有限的宝贵时间，没能为位于冰盖中心的观测基地提供足够的补给。

1930 年，魏格纳又一次来到格陵兰岛。为了给在观测基地坚守的两位科学家提供补给，以避免探险活动中断，魏格纳毅然决定亲自带队运送给养。很快，面对持续的狂风暴雪和低温恶劣天气，魏格纳一行 15 人有一大半不得不提前退出，最后只剩下两名队员坚持跟随魏格纳继续前进。在他们最终到达观测基地时，其中一名队员不得不用小刀截掉了自己严重冻伤的脚趾。为了节约食物，魏格纳在度过了自己 50 岁生日的第二天，就与向导起程，结果不幸双双葬身冰原。

德国政府想将魏格纳的遗体运回国内并举行国葬，但魏格纳的妻子深知他对气象学及极地研究的爱，最终选择将魏格纳埋葬在他殉难的地方。随着美洲板块慢慢向西漂移，魏格纳的遗体已经消失在冰流的运动中。但即使在死后，他也依然在用自己的"坟墓"向世人证明着"大陆漂移学说"的正确性。

格陵兰冰盖

长期覆盖于格陵兰岛上的巨大、连续冰体，形成于第四纪。

格陵兰冰盖：又一个『西卡角』

物理学家可以设计实验，地质学家可以分析岩石，那么，气候学家要如何研究古气候呢？

古气候研究的不易

有一些专业可以在人为设计和控制的实验室中做研究,从而发现科学规律,例如,物理学、化学和生物学等。而天文、地质、地理、气象等专业则不同,它们一点一滴的进步更依赖于对星体、地球、地貌、气候等研究对象的观察。这些研究对象的变化过程如此漫长,影响因素又如此之多,通过人为实验来完全模拟自然过程几乎是不可能的。

早期地质学家大都是在野外手持锤子,通过不断敲击一块块岩石,近距离观察岩石断面,分析、判断它们的组成成分。随着技术的发展,越来越多的物理、化学分析方法被引入地质学研究中,地质学家也开始在实验室中研究地球的演化过程。例如,在水土流失研究中,可以制作一些按比例缩小的模型,观察雨水对土壤的侵蚀和运输作用。虽然这些人为控制的实验可以通过调整实验条件,为科学家验证假说、建立理论模型提供帮助,但它们仍然与现实世界有着很大不同。

地质学家可以直接分析岩石来了解固体地球的演化过程,而气候学家想要研究古气候可就不那么容易了。不要说获得远古时期的大气样品,即使在今天,要想保留昨天的大气样品,在技术上仍然有相当大的难度。因此,以物理学、化学和生物学的基本规律为基础,寻找存在于其他学科中的实物证据与大气之间的相互关系,再间接反推出古气候的情况,已经成为古气候研究中的一个重要手段。

气候变化研究的"西卡角"

　　魏格纳人生中的最后一次探险活动为研究全球气候变化打开了一扇窗，使格陵兰冰盖成为气候变化研究的"西卡角"。作为魏格纳格陵兰探险队的主要成员，恩斯特·佐尔格也功不可没。

　　佐尔格是一名德国冰川学家、地球物理学家，也是探险队在格陵兰冰原观测站过冬的科学家之一。他们在冰原中挖了一个洞穴作为住所。受到恶劣天气的影响，不仅食物只够三人基本生存所需，研究设备也是最低限度的配置。

　　在魏格纳离开他们后的那个冬天，佐尔格凭一己之力，利用最原始的工具在冰原上挖了一个十几米深的竖井，在格陵兰冰原上开展了第一次冰雪在垂直方向上密度与温度变化的科学测量。直到几十年后，格陵兰冰雪剖面测量对气候变化研究的重要性才被科学界真正认识到。除此之外，佐尔格借鉴地震学中的方法，通过测量爆炸所产生的地震波在冰川底部反射的传播时间，测算出格陵兰冰帽的厚度为 2600 米，之后又做了修正。

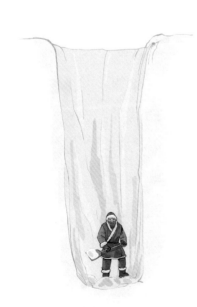

极地冰川有秘密

　　佐尔格在冰川研究中的开创性成就，为之后几十年的气候变化研究贡献了力量。他根据观测结果提出了"佐尔格定律"，即如果积雪条件随时间保持不变，则极地冰川中的积雪密度在一定深度保持不变。他还极有预见性地指出，格陵兰冰川可能隐藏着古气候变化的秘密。

　　依据这个定律，有科研团队发现，地球气候可能曾出现过迅速且显著的变化。这颠覆了地球气候就是"在沉睡的冰期与更温和的间冰期之间缓慢转换"的传统观点，也让科学家认识到，全球变暖可能给人类的生存和发展带来威胁。为了纪念佐尔格在冰川和气候研究中的突出贡献，国际组织将南极洲的一个小岛命名为佐尔格岛。

像气候学家一样思考

　　气候学家的这些想法从何而来？像魏格纳这样的科学家是如何思考的？从以上这些故事中，也许你已经窥探了一二。通常，科学家探究问题时会有以下几个阶段：

　　·准备阶段：阅读科学文献，进行最初的尝试性探索。

　　·酝酿阶段：在此期间，研究的问题被暂时搁置，但大脑一直在对其进行思考。

　　·灵感闪现：灵感往往出现在与我们要解决的问题无关的契机中，例如在与朋友闲谈时。

　　·推演阶段：通过所有必要的科学步骤加以验证。这也许会是一个漫长的过程。

2

如何『看见』古气候

一张旧照片究竟有何玄机?

二氧化碳到底对地球产生了什么影响?

原本平常的聚会孕育出了一个怎样的历史性发现?

海陆变迁、板块运动、火山爆发……数十亿年地质环境的变化,直接或间接地影响着地球气候。古气候学家通过研究地球环境变化的各种痕迹,如同侦探一般,层层推理,来发现和确认不同时期的气候状况。

一个世纪前的『预言』

100多年前的报纸新闻，100多年后的网络热议，科学家对温室效应的认识之路可谓一波三折。

亚基尔博士的小纸片

　　1997年冬季的一天，在国际知名的魏茨曼科学研究所生物化学实验大楼的门外，生物地球化学家亚基尔没有像往常一样在实验室里操作仪器，而是兴奋地来回踱步。好奇的同事询问后才得知，亚基尔博士正在等待一个他期盼已久的、来自《波士顿环球报》编辑部的邮包。

　　邮包终于送到了！亚基尔博士迫不及待地打开，里面是该报自1872年发行以来所出版的部分报纸的剪片，每张剪片只有普通邮票大小。亚基尔博士激动地告诉满脸疑惑的同事们，可不要小看这些剪片，这是他花了几年时间在全球艰苦搜寻的成果。

　　作为一名从事化学分析研究的科学家，要这些旧报纸的小剪片做什么呢？

　　其中的缘由说来话长，就让我们先从在社交媒体上引起轩然大波的一张历史照片说起吧！

终于等来啦！

一张历史照片

2021年，一位网友在某知名社交平台上发布了一张历史照片。据发布者标注，这张照片是1912年出版的一份报纸的翻拍，标题是《煤的燃烧会对气候产生负面影响》。文章援引了当时的一些科研数据，写道：

全世界现在每年燃烧大约20亿吨煤。煤燃烧时与氧气结合，每年会使大气增加约70亿吨二氧化碳，就像为地球盖上一床保温效果更好的毯子。而这种影响在几个世纪后可能会变得相当巨大。

由此可见，早在一个多世纪前，科学家就知道煤炭消耗会对气候产生负面影响。这张照片通过互联网在全球广泛传播，引发了各国关心气候变化的公众的热议。

谁为气候变化买单

世界上绝大部分科学家和科学机构都认同，造成目前气候变化的主要原因是，自工业革命以来，人类在生产活动和生活中大量使用煤炭、石油等化石燃料，向大气释放了超量的、以二氧化碳为主的温室气体。然而200多年来，促进各国经济发展的工业领域大多仍以化石燃料为主要能源。

大气是无国界的，减少化石燃料的使用需要全球达成共识，需要各国政府、国际组织、企业和公众共同努力。因此，谁为已经发生的气候变化买单，以及谁为从化石燃料到新能源的转型买单，成为全球争论的焦点。这也是上面所提到的历史照片一经发布，马上就引发热议的原因之一。

主要来自化石燃料的燃烧。

让人又爱又恨的温室效应

关于燃煤对大气影响的研究可以追溯到19世纪。1896年，瑞典科学家斯万特·阿雷纽斯在他题为《空气中碳酸对地面温度的影响》的论文中，首次针对大气中二氧化碳的浓度对地面温度的影响进行量化。他发现，二氧化碳可以大量吸收太阳辐射，使地面温度升高；同时，二氧化碳又部分阻止了地球热能向宇宙空间的辐射。二氧化碳的这种特性形成了所谓的"温室效应"。

正是因为有了大气的温室效应，地球表面的

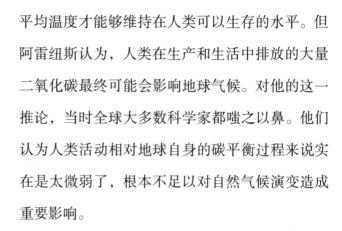

温室效应使地球表面的平均温度维持在15℃左右。如果没有温室效应，地球表面的平均温度将是−18℃左右，现有的大多数生物将无法生存。

平均温度才能够维持在人类可以生存的水平。但阿雷纽斯认为，人类在生产和生活中排放的大量二氧化碳最终可能会影响地球气候。对他的这一推论，当时全球大多数科学家都嗤之以鼻。他们认为人类活动相对地球自身的碳平衡过程来说实在是太微弱了，根本不足以对自然气候演变造成重要影响。

全球科学界从根本上改变了对人类活动排放二氧化碳影响的态度，要归功于一位美国科学家——查尔斯·基林。

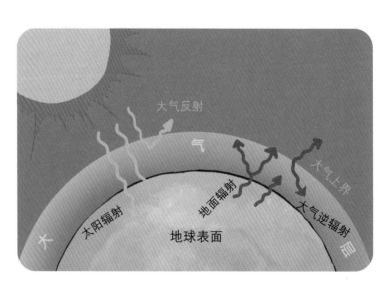

短波辐射　　地面长波辐射

从"火球"到"水球"

地球在形成初期是一颗大"火球"。包裹着滚烫地球的是二氧化碳浓度极高的大气层。特别需要说明的是，此时原始大气层里还没出现氧气，氧元素只存在于水和其他化合物中。

高温、稠密是当时大气层的特点。二氧化碳吸收了太阳的部分能量，却又阻挡了地球表面热量向外散发，使得地球异常炎热。后来，随着地壳在翻滚的岩浆上形成又迅速下沉，表面富含碳的矿物质被吸入地球内部。这个持续了数百万年的过程大大减少了大气中二氧化碳的含量，使得温室效应减弱，地表温度迅速下降，地壳不断加固并最终稳定下来。

当地球表面完全冷却和硬化下来后，大气层中的水汽开始凝结，最终形成了一场持续了数百万年的大雨！聚集到地面的雨水形成了最初的海洋。地球也从最初的"火球"变为"水球"。

岩浆星球

在形成初期，地球表面被数千千米深、不断翻滚的"岩浆海洋"所覆盖。

改变世界的一条曲线

60多年来的不间断监测，

揭开了气候变化神秘面纱的一角，

这条曲线功不可没。

来自夏威夷的海风

今天，如果有机会访问位于美国*夏威夷岛*的冒纳罗亚天文台，你会在一座非常朴实的建筑中看到两台灰色的机器，它们悄然无声地吸纳着来自海洋的微风，然后每小时"吐"出一个数字。几十年来，这个数字一直在波动中上升，它就是自 20 世纪 50 年代以来，一直被持续监测的大气二氧化碳（CO_2）浓度。

▶ 夏威夷岛有 5 座火山，其中两座是蓄势待发的活火山，即冒纳罗亚火山和基拉韦厄火山。

稳步上升的曲线

1957—1958 年，在"国际地球物理年计划"的资助下，美国化学家、气候学家查尔斯·基林在夏威夷冒纳罗亚火山设立了一个观测基地，用他的新设备测量二氧化碳浓度。为什么选在冒纳罗亚火山呢？这是因为夏威夷岛位于北太平洋中部，远离人类活动的干扰。而且冒纳罗亚火山的山顶上主要是火山岩，没有任何植被，这就避免了植物的光合作用对二氧化碳浓度测量的干扰。

观测只进行了两年，基林就已经确定大气二氧化碳浓度存在强烈的季节性变化：在北半球晚冬达到最高水平，而随着每年春季和初夏北半球植物的生长，二氧化碳浓度也随之降低。1961年之后，基林更是观测到大气中的二氧化碳浓度一直在稳步上升。这一观测事实证实了当年阿雷纽斯所提出的人为活动加剧温室效应和全球变暖的*假说*。

遗憾的是，基林的观测工作仅开始数年，美国国家科学基金会就不再支持他的项目，理由是基林所做的观测工作太过于"简单重复"，缺乏创新和科学价值。但令人感到欣慰的是，基林在缺少资助的情况下，仍然坚定地继续着这项在当时被科学界所忽视的"乏味"观测。后来，凭借

▶ 假说是以已有事实材料和科学理论为依据，对未知事实或规律所提出的一种推测性说明。

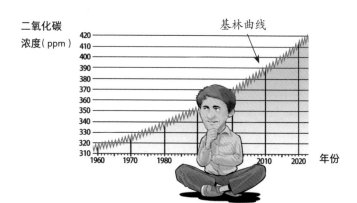

坚定的信念和对科学的信仰，基林终于在自己的观测中取得了重大突破，并得出了"基林曲线"。

难以忽视的真相

基林曲线是有仪器观测以来，世界上持续时间最长的大气二氧化碳浓度记录。更令人感慨的是，基林2005年因心脏病去世后，他的儿子拉尔夫·基林选择沿着父亲的足迹，继续在冒纳罗亚火山上为全人类做着年复一年、简单又枯燥的观测。

基林父子几十年来坚韧不拔地观测，为科学界提供了精确且连续的数据，实在令人敬佩。基林曲线作为现代气候科学的重要指标之一，更向科学界和人类社会提供了无可辩驳的证据——二氧化碳在大气中的含量已经远远超过地球上至少300万年来任何时期的水平。

从20世纪60年代起，哈佛大学的一间教室中就一直悬挂着一张基林曲线，这影响了当时一个哈佛大学的学生，他就是后来担任美国副总统的艾伯特·戈尔。2006年，戈尔在《难以忽视的真相》纪录片中，再次向人们展示了基林曲线。

与基林相比，丹麦地球物理学家和古气候学家维利·丹斯伽阿德博士的故事就更富有传奇色彩了！

时隔 38 年，冒纳罗亚火山再喷发！

当地时间 2022 年 11 月 27 日，冒纳罗亚火山喷发。自 1832 年以来，它平均每隔 3～4 年喷发一次，山体逐渐增大、增高，不断涌出的熔岩累计覆盖全岛一半以上的面积。它上一次喷发是在 1984 年。

幸运的是，冒纳罗亚火山的喷发不是爆炸性的，因为它是盾状火山。盾状火山的熔岩一般不会突然爆炸式地喷涌而出，而更像是液体从容器边缘溢出，缓慢流动。

○ 冒纳罗亚火山东北部裂谷带的熔岩

酒杯中的古气候学

气候学家的寻常聚会，
竟诞生了一个历史性发现。
有时，灵感的到来就在一瞬间。

干杯一刻，灵感闪现

　　那是 20 世纪 50 年代初的一个夏日，在安徒生的故乡哥本哈根，丹麦古气候学家维利·丹斯伽阿德博士结束了一天紧张的工作，与哥本哈根大学的几位科学家结伴来到海边的小酒馆，一起品尝店主特制的威士忌酒。

　　威士忌的酒精度数较高，除了少数行家可以不添加任何东西直接品尝外，大多数人通常需要加水来稀释，这也有助于将威士忌潜藏的风味更加充分地释放出来。但是，单纯加水有时难以控制稀释程度，于是加冰就开始流行起来。晶莹剔透的冰块漂浮在琥珀色的威士忌中，还大大增加了视觉美感。

　　那天晚上，丹斯伽阿德博士与一起聚会的同伴们也是采用了这种最普及的喝法——在威士忌中加冰。而这一次与以往没有什么不同的聚会，却成为古气候学家津津乐道的传奇轶事！

　　按照传统习惯，大家举起手中的酒杯，共同高呼："干杯！"在碰杯的那一刻，丹斯伽阿德博士的目光突然被一个大家司空见惯的现象所吸引——冰块融化后，酒中会出现气泡！

　　他向同伴们提出了一个大胆的设想："如果冰能够将空气封存起来，那么我们

冰芯中是否保留着过去的大气信息呢？

是否可以从格陵兰岛的冰芯样品中找到过去的大气信息呢？"一个从根本上改变了国际科学界对地球气候变化历史认识的想法诞生了！

实验室里开食堂？

在这之前，丹斯伽阿德博士还有另外一个类似的传奇经历，不但让他"一战成名"，也为他后面分析冰芯气泡提供了技术支持。关于那次经历，他在自传中是这样回忆的：

1952 年 6 月 21 日　星期六　天气凉爽

阵雨预示着一个潮湿的周末。我琢磨着："雨水中氧的不同同位素的组成是怎样的？这种组成是否会随不同的阵雨而改变？"我现在拥有一个能检测这种组成的设备，做个试验也不会有什么损失。我在空啤酒瓶上放上一个漏斗，然后把这个"复杂"的设备放在后院的草坪上，静等着雨水的降临。

机会总是留给有准备的人。丹斯伽阿德博士正是这个"有准备的人"！

那个周末，丹斯伽阿德博士遇到了一场几十年不遇的暴风雨，整整持续了两天！他在用完家中所有的酒瓶后，不得不把厨房里所有能够接雨水的盆盆罐罐都用上了。当他周一带着各种器皿来到实验室时，同事们都大吃一惊，以为他要在实验室开食堂呢！

来自雨水的大发现

来自不同云团雨水中的氧同位素组成是怎样的？丹斯伽阿德博士对此非常好奇。

对在那个"幸运周末"采集的雨水进行分析后，丹斯伽阿德博士得出结论：当云团上升并冷却时，较重的氧元素（如氧18）对温度下降反应也较快，比它的小兄弟——较轻的氧元素（如氧16）更快凝结，形成降水落到地面。因此，如果雨水样品中较重的氧元素占优势，那么就意味着大气温度较冷。

雨水中氧同位素组成与温度有关——这一历史性发现从根本上推进了气候变化研究的进程。

氧16

氧18

什么是同位素

这里的"同位"可不是指你的"同桌"，而是指在化学元素周期表中占有同一个位置。

20 世纪初，科学家在研究元素的内部结构时，发现许多元素会具有相同的原子数和几乎相同的化学性质，但中子数却不同。就好比是人类的同卵双胞胎或多胞胎，外表看着相似，性格可能差别很大。

自然界中，目前已发现 3 种稳定的氧（O）的同位素。利用被称为质谱仪的测量仪器，科学家可以确定它们所含的中子数。

氧 16　　　　氧 17　　　　氧 18

○ 氧元素兄弟们

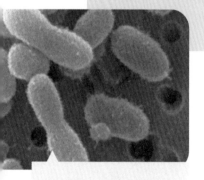

地球的"大冰柜"

格陵兰冰盖是地球的"大冰柜"，除了保存有古气候信息，还留下了史前生物的痕迹。这是在格陵兰冰盖下发现的 12 万年前的极小微生物的电子显微扫描图。

冰川之下，一眼万年

基于这个发现以及冰块可以保存空气的灵感，丹斯伽阿德博士分析了从格陵兰冰盖上钻取的大量冰芯样品，开始了"重建"过去近 80 万年地球气候历史的艰辛工作。

与基林早期的遭遇一样，一开始，利用冰芯来研究古气候并没有得到科学界的重视。直到 20 世纪 70 年代末，随着钻探深度越来越深，从冰芯中获取的信息也越来越多、越来越详细。

最值得一提的是，气候学家利用冰芯发现了离现在最近的一个*冰期*，也被称为"末次冰期"。末次冰期大约从 7 万年前开始，在 1 万年前结束。而在末次冰期中，气候并不是稳定不变的——气温突然在几十年里大幅度变化的事件就达 25 次之多。这个发现改变了国际科学界对地球气候变化历史的认识，确立了古气候学研究在全球气候变化研究中的地位。

在过去的数十年里，全球科学家共同努力，对位于北极地区、南极地区和中国青藏高原的冰川进行了冰芯钻取。对这些冰芯样品的分析，帮

▶ 冰期是指地质历史中气候寒冷、出现强烈冰川作用的时期。

○ 气候学家正在研究冰芯

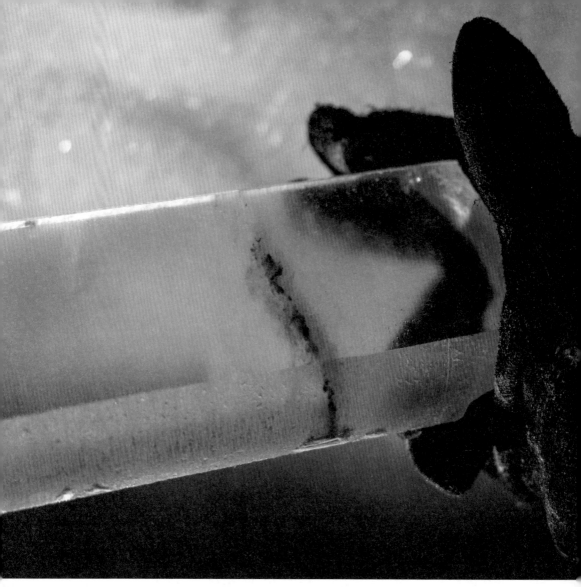

○ 冰芯堪称保存地球记忆的"老冰棍"

助科学家们推测出地球气温在过去近 80 万年间的变化情况。

今天，钻取冰芯的工作仍然在持续进行。冰川之下，还隐藏着多少秘密，让我们拭目以待！

要在科学研究领域取得成绩，除了需要像基林博士那样耐得住寂寞、持之以恒地坚守初心，也需要像丹斯伽阿德博士那样时刻准

如何利用冰芯研究古气候

冰芯钻取自冰川内部，可以说是研究气候的"百科全书"。积雪年复一年地累积，从下往上逐渐形成一层层冰层，越向上年代越新。冬季气温低，雪粒细且紧密；夏季气温高，雪粒粗且疏松。因此，冬季和夏季积雪形成的冰层之间具有明显的层理结构差异，就像树木的年轮一样。

对冰芯的研究，科学家主要关注三个方面：冰本身、冰内包含的可溶和不可溶物质、冰芯包裹的气体。例如，冰芯中氢、氧同位素比值是度量气温高低的指标；冰芯气泡中的气体成分和含量可以揭示过去的大气成分；冰芯中微粒的含量和各种化学物质成分的变化，可以提供不同时期的大气气溶胶、沙漠演化、植被演替、生物活动、大气环流强度、火山活动等信息。

备着迎接"机遇"的到来。

对世间万物永远保持着好奇心也是一种必不可少的科学能力，好奇心引导众多科学家开辟了许多科学研究的新方向。对石笋生长过程的好奇，带来了热带地区气候变化研究的新突破，就是其中一个颇具代表性的例子。

被雨水养活着的石头

只要一下雨，石头就长个儿。

雨水养活着石头，

石头也保守着雨水的秘密。

"长"个不停的石头

　　我们经常用自然界中"水滴石穿"的现象鼓励自己或他人做事要有恒心，只要不断努力就会有所成就。但你知道吗，其实在自然界中，还有一种恰恰相反的现象——"水滴石长"。没错，水不断地滴下来，石头反而慢慢地长高了。这究竟是怎么回事呢？

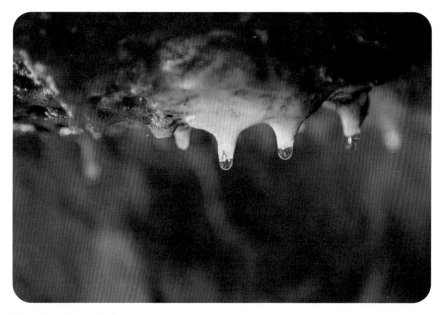

○ 水滴从溶洞顶部滴下

　　其实，"水滴石长"说的是钟乳石形成的过程。溶解有二氧化碳的水与石灰岩中的碳酸钙发生反应，生成溶有碳酸氢钙的水。当溶有碳酸氢钙的水从溶洞顶部滴落时，由于水分蒸发、压强减小及温度变化，溶解在水中的碳酸氢钙会分解生成碳酸钙、水、二氧化碳。

当难溶于水的碳酸钙逐渐积聚，就会在洞顶形成冰锥状的物体。这种形似北方冬季屋檐下冰柱的石头，在地质学上被称为石钟乳。而当洞顶水滴落在地上，日积月累就会形成像竹笋一样的石柱，叫石笋。石钟乳常与石笋上下相对，经过千万年的生长，有些石钟乳和石笋最终会连接起来，成为石柱。

科学家测量发现，钟乳石每年平均增长约 0.13 毫米。它们增长得真是太慢太慢了。那么，这微不足道的增长与气候变化有什么关系呢？

❶ 钟乳石通常发育在石灰岩地区，石灰岩的主要成分是碳酸钙
❷ 天然岩层中布满了各种裂隙，水无孔不入
❸ 水沿着裂隙渗入，一点点溶解碳酸钙
❹ 裂隙一点点增大，直至变成一个巨大的地下溶洞
❺ 溶洞形成后，富含碳酸氢钙的水还会继续沿着裂隙渗入，碳酸钙逐渐从水中析出并积聚

石头也有年轮

▶ 钟乳石年轮通常以深浅交互的生长条带平行展布。

钟乳石的生长速度非常缓慢，通常需要上万年，甚至十几万年。科学家在研究时发现，钟乳石在形成过程中，一般会沿着石头表面以不同厚度向上或向下延伸，所形成的涟漪状的层面因类似树木年轮被称为"钟乳石年轮"。

影响钟乳石生长的因素有很多，其中比较重要的是降雨和温度。对洞穴石笋的化学组成进行分析后，科学家发现石笋新生长的部分所含的氧同位素组成与洞穴外部降水的氧同位素组成基本一致。结合前文丹斯伽阿德博士关于雨水中氧同位素组成与温度关系的发现，他们自然就联想到：是否能利用钟乳石中氧同位素的组成来推测当时的气候状况呢？

一层水滴一层谜

正是在这种好奇心的驱动下，科学家通过一

种名为铀系不平衡法的测量技术——一种根据铀的同位素比值来测定地质年代的方法，来精确地测出石笋每一层所处的年代。石笋中的每一层水滴留下的痕迹都为我们提供了推测当时气候环境的线索。

在对加里曼丹岛的石笋样本进行分析后，科学家重新建立了西太平洋热带地区过去 57 万年的气候历史。将这个研究结果与高纬度地区的冰芯分析结果进行对比后，科学家发现低纬度与中高纬度地区的气候变化存在着巨大差异。石笋也成为这一发现无可置疑的实物证据！

听完上面这些故事，你可能已经猜到了前文亚基尔博士收集旧报纸的原因。是的，亚基尔博士正是想到了一个研究气候变化的好主意！

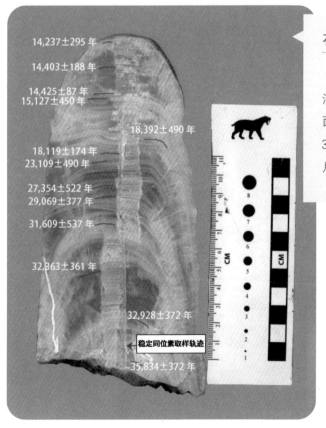

14,237±295 年
14,403±188 年
14,425±87 年
15,127±450 年
18,392±490 年
18,119±174 年
23,109±490 年
27,354±522 年
29,069±377 年
31,609±537 年
32,363±361 年
32,928±372 年
稳定同位素取样轨迹
35,834±372 年

石笋纵剖面

这是美国沙斯塔湖洞穴中一个石笋的纵剖面。这个石笋生长于距今 36,000—14,000 年之间（图片来源：杰西卡·奥斯特）

旧报纸中的气候密码

我们从报纸上获得最新资讯，气候学家却不一样，他们从报纸中搜集一百多年前的气候信息！

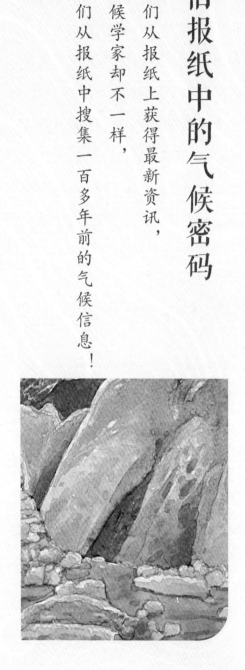

一个奇妙的想法

　　作为国际著名生物地球化学家，亚基尔博士通过多年的研究发现，虽然从格陵兰岛、南极洲和其他高寒地区获取的冰芯中，科学家已分析出过去近80万年的地球气候，但这些年代久远的冰芯却很难反映出工业革命以来的气候变化情况。

　　从古树中获取的树木年轮虽然可以弥补这个不足，但要找到一棵理想的树还是非常困难的，而且单一树木也只能反映一个非常有限的地区的气候变化。

　　基于在碳同位素分析方面的长期研究经验，亚基尔博士大胆地提出了一个奇妙的想法：通过旧报刊纸张中碳的同位素变化来分析相应年代的大气碳浓度，进而对全球碳浓度进行定量分析。

碳12,
我的最爱!

植物喜欢这样的碳

　　亚基尔博士提出的这个设想是基于以下科学认识：树木在生长过程中，通过光合作用不断吸收二氧化碳。对树木来说，它们更"喜欢"那些含有在碳同位素中相对较轻的碳（如碳12）的二氧化碳。由于植物处于食物链的最底层，因此动物体内也就含有更多的碳12。所以，由千百万年前的动植物转变而成的煤、天然气和石油等化石燃料，含碳12较多，含碳13较少。

　　据此，亚基尔博士推测：受工业革命以来人类大规模使用化石燃料的影响，大气中被人为地增加了更多的碳12。长期以来，树木一直是生产纸张的主要原料。如果他的推测是正确的，那么旧报纸中碳13与碳12的比值，就应该随着时间的推移而下降。

烧掉来之不易的报纸?

　　为了检验这个假设，亚基尔博士给全球十多

家有着百年以上历史的报社写信，希望他们能够提供尽可能久远的报纸剪片。最终，他得到了《波士顿环球报》编辑部的回应，于是就出现了前文所描述的那一幕。

万万没想到的是，亚基尔博士竟然将这些来之不易的报纸剪片全部烧掉了！这些剪片被他分批投入温度超过1000℃的超级富氧炉中。火苗燃起，报纸随之化为灰烬。这些报纸样品中的碳与氧结合，形成了二氧化碳。然后，他使用质谱仪测量二氧化碳气体中碳同位素的组成，特别是化石燃料燃烧的关键标志——碳12的含量。

在随后的10多年里，亚基尔博士继续从世界各地收集各种报刊纸张，进行同样的分析。结果证明，他的假设是正确的。也就是说，工业革命以来，人类使用化石燃料的强度在全球各个地区都在不断增加。这些燃烧的旧报纸就是证据。

全世界像基林、丹斯伽阿德、亚基尔这样将自己一生奉献给地球气候科学的科学家还有很多。那么，科学界为什么会对气候变化如此关注呢？下面，让我们一起来了解几个气候影响人类文明发展的小故事，你也许可以从中找到答案。

像气候学家一样思考

探索的起步往往伴随着质疑声，质疑与探索是互相促进的。探索中也总会不断出现新问题、新想法，有时候问题可能远远超出我们能回答的范围。想验证这些想法、解决这些问题，我们需要采取多种方法来收集和分析证据，同时保持开放的心态。因为科学探索过程艰辛，所以求真才如此宝贵，如此有意义。

3

冷暖干湿与文明兴衰

三星堆人迁都的原因是什么？

繁盛的玛雅文明为何离奇消失？

一支所向披靡的军队如何败给"任性"的天气？

人类文明的发展之路从来就不是一帆风顺的。在影响人类文明发展的各方"势力"中，地球气候所使用的"招数"最为多样化，每一招都可能改变一个国家、一个地区乃至全球人类社会的发展路径。

沧海桑田河姆渡

7000年前的发达文明，
最终湮灭在泱泱水波之中，
悠悠古渡口却找不到渡己的摆渡人。

惊世大发现

　　1973年夏天，当地村民在浙江余姚河姆渡镇浪墅桥村发现了新石器时代遗址——河姆渡遗址。

　　河姆渡是一处渡口，至今仍在使用。河姆渡遗址就在渡口旁。河姆渡原名黄墓渡，因黄公墓而得名。随着时间的推移，"黄墓"逐渐变成了"河姆"，最早用文字记载"河姆"两字的是清朝康熙五十七年（1718年）的《芦山寺志》："黄墓，俗讹河姆。"细致的考古挖掘发现，河姆渡遗址自下而上叠压着4个文化层，平均每500年为一层，最下面的第四文化层距今7000—6500年，最上面的第一文化层距今5500—5000年。

　　遗址出土了大量的农业生产工具、生活器具、原始艺术品等，

○ 河姆渡遗址景区入口

65

为了解我国原始社会母系氏族时期的景象，以及农业、建筑、纺织、艺术等文明成就，提供了极其珍贵的实物佐证。更为令人震撼的是，其中的两大发现是我们至今仍在使用的：一是早在7000多年前，河姆渡人就已经开始栽培水稻，当时的社会处于向稻作农业社会转变的过渡阶段；二是当时的人们为了适应潮湿环境，防止野兽侵扰，建造了以木桩插于地下、上面用木板等拼接成屋的干栏式建筑。

中国是水稻的故乡

○ 河姆渡出土的稻谷和稻叶，稻谷因氧化等原因已不再金黄

在遗址发掘过程中，考古专家在许多探方中发现了稻谷、谷壳、稻叶、茎秆等交互混杂的堆积层。稻谷刚出土时色泽金黄、颖脉清晰、芒刺挺直。

据专家估计，遗址周围的稻田面积大约有6公顷，年最高总产可达18.1吨。这一发现有力驳斥了中国所栽培水稻中的籼稻从印度传入、粳稻从日本传入的传统说法，说明中国是水稻的发源地，开启了农业起源研究的新阶段。

河姆渡原始稻作农业的发现表明，人类早在7000多年前甚至更早就已经脱离了单一的*攫取型经济*，开始出现了*生产型经济*。

房子建在木桩上

在遗址内第四文化层底部，考古学家还发现了大量*干栏式建筑*遗迹，包括木桩、地板、柱、梁、枋等几百件构件。对比今天在我国西南地区和东南亚国家的同类型建筑，专家认为，河姆渡遗址建筑的建造过程可能从地面开始，通过绑扎的办法将各类大小木桩插于地下，再以此为基础，在上面架设大小梁，铺上地板，做成高于地面的基座，最后立柱架梁、构建"人"字坡屋顶。在完成屋架部分的建筑后，再铺设茅草或树皮完成屋顶防雨遮阳的工程。

与同时期黄河流域居民的半地穴式建筑相比，河姆渡遗址的建筑要复杂得多。为了保证建筑牢固，河姆渡人还在木材的垂直相交处使用了榫卯技术。

▶ 原始农牧业发明以前，人类以采集、狩猎为生，是对大自然的攫取，所以这种生产方式被称为攫取型经济。后来出现了农业和畜牧业，人类通过自己的劳动获得产品，这种生产方式被称为生产型经济。

▶ 干栏式建筑是指在木（竹）柱底架上建造的高出地面的房屋。这种建筑有许多好处：可临水而居，可免填挖地基，也可防野兽和敌人袭击，是水乡建筑的杰作。

○ 河姆渡遗址想象复原图

优越的自然条件

延续约 2000 年的河姆渡文化为什么能够如此繁荣？科学家通过研究河姆渡遗址古地理的演变过程，给出了解释。

用"积木"搭的房子

你知道吗，7000 年前，河姆渡人就已经使用了榫卯结构，并用这种结构搭起了房子，真是不可思议！什么是榫卯呢？榫卯是一种凹凸结合的连接方式。凸出部分叫榫，凹进部分叫卯。榫和卯咬合在一起，不需要一颗钉子，就能把木质构件连接起来，而且这种结构还可以减震，极其精妙！

观察一下，你们家里有榫卯结构的家具吗？

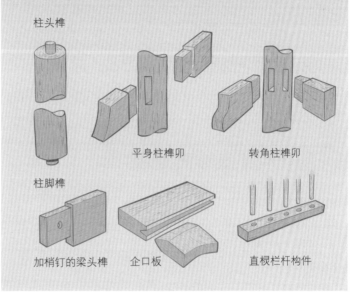

柱头榫

平身柱榫卯　　　　转角柱榫卯

柱脚榫

加梢钉的梁头榫　　企口板　　　直棍栏杆构件

当时遗址南面有一条小溪，东面是一片平原，西面、北面濒临湖泊。整个区域是一个由湖泊沼泽、平原、草地、丘陵、山冈等多种地貌共同构成的复杂生态环境，动植物资源特别丰富。

从水文情况看，当河姆渡成陆时，它的两侧地区尚处于浅海之中，海水涨落有规律地推动地区内湖水的升降，为河姆渡人的稻田提供了自灌条件，保证了稻谷的生长。

从古气候看，遗址出土的稻谷和建筑材料的分析结果表明，7000 年前河姆渡地区的气候比现在更加温暖潮湿，平均气温较现在高 3～4℃，年降水量比现在要多 500 毫米左右，大致的气候条件与现在的广东南部、广西南部和海南岛相似。

可以说，正是优越的自然环境和气候条件，为河姆渡人提供了丰富的食物和生产材料，人们也因此有更优越的条件来发展纺织、制作漆器和建造庞大的建筑。

生于水亦灭于水

那么，导致河姆渡文化最终衰落的原因又是什么呢？

让河姆渡人不得不离开家园的原因可能有三个：一是长江流域曾发生过大规模的洪水，迫使生活在该地区的人们移居；二是可能的气候变化，以及海水的不断侵袭；三是河姆渡地区水脉繁杂，潮湿的环境遇到持续的高温闷热天气，极容易滋生各种细菌，让部落中的人们患上了致命的疾病。

同全球其他许多曾高度发达的古文明一样，造成河姆渡文化衰落的原因也是多样的，但气候变化显然是其中不可忽略的一环。

作为气候"撒手锏"之一的洪水可能是河姆渡湮灭的关键因素，而它与中国另一个重要文明的衰落也密切相关。这就是被誉为"20世纪人类最伟大的考古发现之一"的三星堆遗址。

像气候学家一样思考

气候学家除了通过冰芯、树木年轮、湖泊沉积物等"自然证据"推测古气候外，当人类出现后，特别是有文字记载以来，气候线索又以"人文证据"的形式留存下来。中国的某些古代典籍就提供了很多古代气候条件的重要信息。例如，《诗经》等古籍中有关于风、雨、雷、雪等天气现象的描述；《春秋》中有关于干旱、洪涝、大风等异常天气的记载。通过结合自然和人文证据，气候学家能够更深入地研究古代气候的变化规律和特征，并更好地理解人类社会和自然环境之间的相互关系。

三星堆的迁都之谜

在历史的烟尘中沉睡数千年，一经现世，便震惊天下。气候却成了它繁荣强盛的终结者。

强盛的古蜀王国

2020 年，时隔 30 多年，*三星堆遗址*再次启动发掘。在这个曾经名不见经传的地方所出土的大量文物，昭示了长江流域与黄河流域一样，同属中华文明的母体。

三星堆遗址除了保存有人工夯筑而成的东、

▶ 三星堆遗址位于四川成都平原。考古遗址的命名原则为"小地名原则"，即以发现地的村子名称来命名。三星堆得名于"三星村"，而"三星村"则得名于附近 3 个稍微凸起的小土堆。

嘿，这个"怒发冲冠"的发型很有特色！

铜扭头跪坐人像

三星堆遗址 4 号坑发现了 3 件铜扭头跪坐人像，被称为"三胞胎"。通过 X 光探测，它们是整体浇铸成形的，人像上的交错 V 形纹、羽冠纹、燕尾纹皆为三星堆遗址中的首次发现，生动展现了三星堆青铜铸造艺术的高超水平。

西、南城墙和月亮湾内城墙外，城中还有房屋基址、灰坑、墓葬、祭祀坑等。祭祀坑内所发现的大量青铜器、玉器、象牙、海贝、陶器和金器等令世人震惊。我们可以想见，当时的三星堆文明是何等繁荣。

▶ 灰坑是考古学的专有名词，指一切窖穴和由人工挖掘但不知确切用途的坑穴。考古遗址中发现的大部分灰坑曾作为垃圾坑被使用过，因而其中的埋藏物多样，如陶器、兽骨、粮食、烧土块、人骨、炭屑等。

突然消失之谜

据考古学家考证，三星堆文明前后历时约500年。商朝甲骨文中曾记载有商朝军队与蜀人作战的事件，因此三星堆遗址中出土的商朝贵族使用的兵器和刻有商代金文的器物，很可能是战利品。由这些发现，我们可以窥见古蜀国强大的军事实力和综合国力。

但是，如同玛雅文明湮灭之谜一样，以三星堆文明为代表的古蜀国为何突然消亡，也是考古界的一个难解之谜。

三星堆遗址

图为三星堆考古第一现场。数千年前，三星堆文明在成都平原这块富饶的土地上诞生，又在这里消失。

冷抑暖扬的文明韵律

从历史发展的角度看，我国历史上的"大治"之年，也就是国家安定、经济繁荣的年代，几乎都发生在气温相对较高的温暖时期。在农业为主要经济形态的古代，冷抑暖扬的文明韵律十分清晰。例如，在我国有记录的近5000年历史中，出现在第三次暖期的唐朝贞观之治和开元盛世，是中国历史上有名的强盛时期。

产生这个现象的原因非常有趣。在"民以食为天"的农耕经济时代,农业对气候变化十分敏感。当气候温暖时,适宜耕作的土地扩大,农牧交错带北延,南方更容易发展多熟稻作,单位亩产增高,人民安居乐业,"仓廪实而知礼节"。

气候暖期为农业发展提供了稳定的环境背景,而稳定的农业又为城市建设、商贸流通、文化和手工业的发展,以及战争能力、政权巩固等提供了必要的经济基础。

竺可桢曲线将中国历史长河中的朝代更替与气候变化巧妙地衔接了起来。

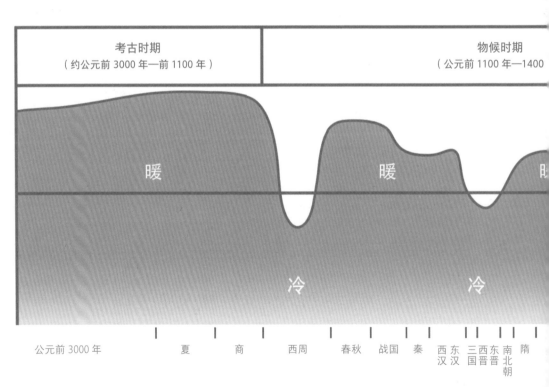

考古时期 (约公元前 3000 年—前 1100 年)		物候时期 (公元前 1100 年—1400

暖　　　　　　　暖

冷　　　　　　　冷

公元前 3000 年　　　夏　　商　　西周　　春秋　战国　秦　西 东　三 西 东 南　隋
　　　　　　　　　　　　　　　　　　　　　　　　汉 汉　国 晋 晋 北
　　　　　　　　　　　　　　　　　　　　　　　　　　　　　　　朝

○ 中国近 5000 年气温变化示意图(数据来源:竺可桢《中国近五千年来气候变迁的初步研究》)

气候转寒，洪水来袭

那么，3000 年前，以三星堆为代表的古蜀文明突然消亡会不会与气候有关系呢？

科学家研究发现，大约 3000 年前的商末周初时期，中国曾经发生过近 5000 年来最显著的一次降温。在这次降温期间，夏季为我国提供雨水的亚洲季风减弱了，雨带向南移动，因此中原地区干旱灾害的数量空前增多，出现了商朝首都殷（位于今天的河南安阳）附近"洹水一日三绝"，以及洛河、泾河和渭河三条河同时干涸的所谓"三川涸"等巨灾。

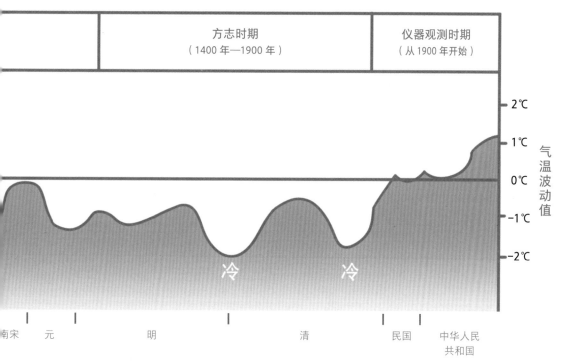

注：年代比例尺南宋前后按 1:3 处理

气候的转寒使许多地区粮食供给不足，随之而来的就是饥荒、社会动乱，甚至战争。最终，周族联合各地势力一起推翻了商王朝的统治。

与此同时，位于中国西南地区的成都平原，气候发生了什么变化呢？

当时成都平原的气候变化与全国范围内的基本一致。三星堆遗址所在地区东邻龙泉山脉，西为岷山山脉南麓的茶坪山，地处沱江上游的鸭子河与马牧河之间，属冲积平原的二级阶地。在其晚期地层中，有 20～50 厘米厚的黑色淤泥。可以想见，当时三星堆地区曾遭遇洪水。

面对这些频繁发生的灾害，古蜀人可能更多地认为这是来自上天的惩罚，在当时的条件下，唯一的应对方法只能是迁都。这也许就是三星堆所出土的大量文物当时不是被小心供奉，而是被焚烧后打碎作为祭祀品掩埋的原因吧！

水对人类文明的延续至关重要，人们总是逐水而迁、择水而居。水可以孕育文明，但也有可能使文明覆灭。洪水迫使三星堆人离开故土，而对同样生活在北纬30°附近的玛雅人，气候则使出了更加隐秘的"招数"。

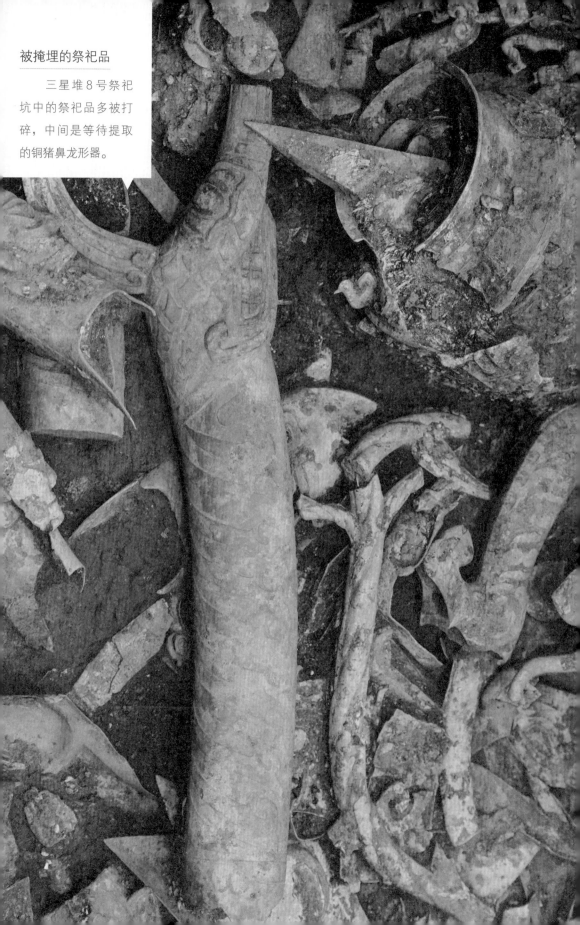

被掩埋的祭祀品

三星堆8号祭祀坑中的祭祀品多被打碎，中间是等待提取的铜猪鼻龙形器。

一条大河拯救玛雅文明？

在多个领域都取得极高成就的先进文明，一路奔向巅峰又离奇消失，只是因为缺一条大河？

有多璀璨，就有多寂寥

自公元前 200 年起，在中美洲的心脏地带，一个农耕文明社会开始走上鼎盛发展之路。它在天文学、数学、农业、艺术等方面都有极高成就。这就是在人类文明发展史上值得被永远铭记的玛雅文明。

玛雅文明是中美洲古代印第安文明的代表性文化，主要分布在今墨西哥、危地马拉、伯利兹、洪都拉斯、萨尔瓦多等中美洲国家。其最大分布范围约为 30 万平方千米。玛雅人发明了谜一样

库库尔坎金字塔

库库尔坎金字塔位于墨西哥尤卡坦半岛北部。"库库尔坎"在玛雅文化中是羽蛇神的意思。每年春分和秋分的日落时分，在阳光的照射下，金字塔北面一组台阶的边墙会形成弯弯曲曲的 7 个等腰三角形，连同底部雕刻的蛇头，宛若一条巨蛇从塔顶游向大地。

81

的象形文字和二十进制计算法，依照非常奇妙的玛雅历法周期建造了巨型庙宇和金字塔，还取得了很多其他令人惊叹的成就。

然而，就是这样一个璀璨的文明社会却突然离奇消失，留下一片寂静冷清的废墟。

又一个文明消失

无独有偶，在美国的梅萨维德高原上，也发生了类似的情形。自公元 6 世纪起，以耕种玉米为生的阿纳萨齐人开始在这块土地上繁衍生息。

虽然阿纳萨齐人没有留下文字，但他们所编织的精美篮子和烧制的陶器，揭示出当时的文明发展水平。最为人们所称道的是他们的建筑。他们在狭窄的峡谷凿崖壁而居，聚居区由多达数百个房间组成，堪称"绝壁宫殿"。

但是，与玛雅文明的突然消失一样，阿纳萨齐人在这个地区繁衍了几百年后，也似乎在一夜之间就完全消失了。更为奇特的是，虽然他们弃屋而走，但是留下了大量的日常生活用品，似乎还期望着有朝一日能再回来。

绝壁宫殿

这些悬崖宫殿位于美国科罗拉多州的梅萨维德国家公园，是北美洲最大的悬崖定居点。考古学家在发掘梅萨维德遗址时，还发现了驯养火鸡的残迹、白底黑彩的陶器等，可见当时的社会文化已经发展到相当高的水平。

由树木年轮得来的启发

树木年轮的数目表示树龄的大小。同一树种年轮的宽窄则与相应生长年份的气候条件密切相关。在气温、水分等环境条件比较恶劣的年份，树木生长缓慢，年轮就窄，反之则宽。以树木年轮生长特性为依据，研究环境对年轮生长影响的学科被称为"树木年代学"。

在全球各地，类似事件还在不断地通过考古发掘被展示在世人面前。在人类历史的长河中，究竟发生过什么，才会使这些高度发达的古代农业文明突然消失呢？

自19世纪30年代玛雅古文明遗址被首次发现以来，关于该文明的消失各国考古学家已经提出了不下百种观点和解释，如环境恶化、飓风、地震、内战、人口过剩、瘟疫流行等。

近年来，随着全球气候变化研究的逐渐深入，科学家在全球范围进行了大规模的采样和对比研究。对阿纳萨齐人的考古研究表明，在12世纪中叶，由于梅萨维德高原地形险要，外部侵袭少，安全的生活环境使该地区人口大幅度增加。据估计，当时大约有2万人在易守难攻的岩壁上搭建房屋栖身。除了玉米、南瓜和豌豆等农作物，阿纳萨齐人还食用火鸡来补充必要的营养，而这些火鸡是用玉米等饲料喂养的！

对树木年轮的科学分析研究发现，13世

纪后半叶，梅萨维德的气候极度干燥。这期间不但发生过连续多年的干旱，气温也非常低。突然持续发生的恶劣气候，导致玉米产量大幅度下降，进而使该地区的食物链受到严重影响。

科学家最终确定，气候变化是阿纳萨齐聚落消失的主要推手。这一研究成果为探索玛雅文明消失的原因提供了新思路。

玉米神头像

考古学家在玛雅遗址中发现了一个可追溯至 1300 年前的玉米神头像。玉米不仅是阿纳萨齐人的主食，也是玛雅人非常钟爱的食物。玉米神是玛雅人崇拜的神灵之一。他们认为，玉米神会在农作物的每一个生长周期开始时重生，这也反映了他们对季节交替、作物生长以及人类生命周期的理解。

缺一条大河

气候突变是玛雅文明消亡的主要原因吗？

虽然早期也有考古学家提出过这个猜想，但却缺乏确切的科学依据。科学家对墨西哥尤卡坦半岛的湖泊沉积物进行了分析，为我们重新描绘了发生在公元 860 年左右的气候变化：在过去的 7000 年中，公元 800—1000 年是该地区最为干旱的一个时期，这与玛雅文明的衰落在时间上是吻合的。科学家使用更详细的资料做进一步分析，又发现公元 810 年、860 年和 910 年是极端干旱年。

那么，为什么干旱可以使一个在当时相对发达的农业文明社会在短时间内土崩瓦解呢？原来，这与玛雅文明所处的地理位置和农业生产方式密切相关。

我们知道，世界上绝大多数发达古文明的发源地都在大江大河附近。例如，埃及和印度的古代文明分别发祥于尼罗河与恒河流域，中国古代文明孕育在黄河和长江流域。而玛雅人所修建的繁荣城市却隐匿于热带丛林之中。虽然地处热带，但是玛雅人居住的尤卡坦半岛的南部和西部几乎

去当地的博物馆或图书馆逛一逛，了解一下你家乡的发展历程，如重要的历史事件、特产、特色小吃和景点等。想一想：这些与气候有什么关系吗？

完全依赖于季节性降雨，而北部低地属于以石灰石基岩为主的喀斯特地貌，水分很容易下渗。缺少地表水，人们只能靠地下水维持生活。

崩溃在所难免

玛雅人非常精通从贫瘠的土壤中尽可能多地获取收成。他们焚烧湿地、轮耕农田，保证了农业的发展。有了充足的食物，人口自然快速增加。当气候条件长期满足适合人类发展的需求时，文明就得到了发展的机会。

但是，突发性的极端干旱年多次发生，对湿地等生态系统的打击是极其严重的。在依赖雨水维持生产、生活的地区，玛雅文明社会迅速崩塌。而随着干旱持续发生，北部地下水的补给也中断了，资源枯竭进而引发政治动荡。当地下水源完全被耗尽时，玛雅文明的崩溃在所难免。

世界知名考古学家、人类学家布莱恩·费根在《气候改变世界》一书中说："漫长干旱是气候房间里的无声大象。"干旱不像台风、洪灾等气象灾害那样来势汹汹，当人们惊觉它的存在时，早已深受其害。如果在玛雅文明所在的地区有一条大河，那么玛雅文明是否可以繁荣至今？这只能留给我们来猜想了。

○ 位于危地马拉丛林中的玛雅文明遗址

适宜的气候是人类赖以生存的重要条件，而气候的异常变化也曾"扼杀"过许多持续数百年、数千年的古代文明。回顾人类历史进程，一些极端的天气事件甚至还改变了人类社会的发展方向。

像气候学家一样思考

读到这里，你也许会觉得气候学家似乎可以窥视过去。确实，有时气候学家需要发挥一点想象力。其实，几乎所有专业的创新都需要想象力。但这种想象力不是毫无根基的天马行空，而是在已有观测数据的基础上，在科学方法论的指导下，对未知的探索和尝试。

气候学家最好有多个专业的学习背景。研究单块砖头的科学是一码事，而建筑学则是另一码事。气候研究也类似建筑学。一位建筑大师不但要懂得哪块砖头有什么特性，还要懂得将它用在什么地方，将它的历史文化背景、艺术性等也考虑进来。

莫斯科相信天气

所向披靡的拿破仑，
却无奈兵败莫斯科，
天气可真是俄国的好帮手。

一支衣衫褴褛的军队

  1812年12月中旬，在普鲁士柏林到法国巴黎的大路上，一支衣衫褴褛的队伍正在步履艰难地行进着。队伍中绝大部分人浑身泥泞，如果不是少数人头上还戴着法国军帽，肩上扛着步枪，谁会想到这居然是一支曾在欧洲所向披靡的法国军队呢！而队伍中那位骑在马上、神情疲惫的将军，竟是威震欧洲的拿破仑一世！

  法国历史上的"一代天骄"，与恺撒、亚历山大大帝等世界著名军事家齐名的拿破仑，为何被打击成这般模样？

野心勃勃的计划

  要回答这个问题，让我们将日历翻回到18世纪末期。1789年，*法国大革命爆发*。之后，欧洲各国为对抗新兴的资产阶级法国，组织并派遣反法同盟联军进攻新生的法兰西第一共和国。拿破仑在指挥抗击欧洲反法联盟中连连取胜。最终，

▶ 法国大革命是指1789年7月14日 — 1794年7月27日法国爆发的推翻封建制度的革命。

一定要在冬季到
来之前取胜！

▶ 这次政变（开始
于 1799 年 11 月 9 日）
发生在法国共和历的
雾月（10 月 22 日—11
月 20 日），因此被称
为"雾月政变"。

在 1799 年，拿破仑通过发动"雾月政变"，成为法兰西共和国的第一执政官。

然而，拿破仑以其杰出的政治和军事才能，迅速将反对君主国联盟的民族战争所取得的胜利果实，投入以建立法兰西帝国、征服全欧洲为目标的帝国主义战争。在短短的十年间，拿破仑就征服了西欧和中欧的大部分国家。而在遥远的东北方，俄国成为拿破仑获得欧洲霸权唯一的绊脚石。

拿破仑试图用政治和外交手段令俄国亚历山大一世屈服，但种种努力都归于失败。最后，风头正劲的拿破仑终于忍耐不住了。1812 年，拿破仑率领由欧洲各战败国的士兵组成的大军，对俄国不宣而战。

俄国军队仅有二十几万人，而且主帅沙皇亚历山大一世还从未有过率军征战的经历。按照常理，此次战争的胜负是不言而喻的。

作为著名的军事家，拿破仑不但仔细研究了历史上其他国家与俄国的历次战争，而且还特别注意到俄国冬季严寒气候可能带来的风险。最后，他做出了要让沙皇在冬季到来之前臣服的周密的军事计划。

为什么冷空气总是来自西伯利亚

冬季，我们经常在天气预报中听到"一股来自西伯利亚的冷空气……"之类的消息。为什么西伯利亚是影响中国的冷空气的"老家"呢？其实影响中国的冷空气最初都来自北冰洋，当冷空气到达西伯利亚时，受到南部高山的阻挡，不得不在西伯利亚堆积，由此孕育了强大的西伯利亚冷高压，让这里成为亚洲冬季风的发源地。

夏季也"任性"

夏天居然也这么冷……

战争初期，所发生的一切都在拿破仑的计划之中。他运用自己最为擅长的军事战术，指挥着斗志高昂的联军，在集中炮火进攻的同时，充分发挥骑兵的机动性，攻城略地，势如破竹。但是，之后战争的发展就完全脱离了他的计划。

拿破仑考虑到了莫斯科冬季严寒天气的威力，却不了解俄国的夏季虽然短暂，但天气也非常"任性"：时而烈日炎炎，炽热难耐；时而大雨倾盆，洪水泛滥；时而又气温陡降，狂风大作。

夏季炎热的天气，加上俄国人对淡水供给的破坏，使得大量脱水的征俄士兵不得不饮用车辙里的马尿。强烈的暴风雨不仅将士兵们淋成了落汤鸡，而且使道路变得泥泞不堪。拉着重型武器、粮食等辎重的马车被困泥潭，寸步难行，许多马车不得不被放弃。最严重的问题是，习惯于在地中海温暖气候中作战的大军，竟然没有携带帐篷！有时，士兵们不得不露天而眠，忍受着俄国夏季巨大的气温日较差。

仅仅过去两个月，拿破仑的主力部队就被恶劣多变的天气"消灭"了几十万人！

▶ 气温日较差是指一天中气温的最高值与最低值之差。

凛冬将至

当拿破仑最终抵达莫斯科时，他万万没想到，迎接自己的竟然是一座燃烧着熊熊大火的空城。大火之后，由于缺少食物和饮用水，拿破仑不得不下令撤退。

○ 1812 年 9 月，拿破仑面对着已成为一片废墟的莫斯科

天气渐冷，俄国拿出了它威力最强的"武器"。1812 年 10 月的一天，瓢泼大雨转眼变成了鹅毛大雪，征俄士兵的军服根本无法抵御突降的气温。洗劫莫斯科得来的各种衣物，包括女士的裙子，都成了士兵御寒的"至宝"。为了能够在冰冻光滑的路面上行走，许多马车夫扔掉了车轮，将马车改成了"雪橇车"。遗憾的是，他们还没来得及为自己的"发明"报功，雪又开始融化，地面变成了

泥沼，许多用马车改装而成的“雪橇车”再也派不上用场了，只能连同车上的粮食、武器以及行李一起被丢弃。

▶ 贝尔齐纳河在今白俄罗斯共和国境内，是 1812 年著名的“俄国大撤退”期间拿破仑对阵俄国军队的战场之一。

11 月下旬，拿破仑带着仅剩的几万人，挣扎着来到贝尔齐纳河。渡河桥梁被破坏是意料之中的，然而天气却再一次对拿破仑进行了折磨。当天的天气冷得刚刚好，河水冰冷刺骨，但又没冷到可以冻结河面方便军队渡过的程度。最终，经过一些士兵一整夜不停地工作，“大军”才在俄国军队的追击下仓皇过河。

最后的致命一击

12 月初，极端天气给了拿破仑的军队最后一击。气温降到了 -38℃。在随后几天里，有几万人因饥寒交迫或相互残杀而亡，而起因仅仅是为了抢夺一块马肉或一件死人身上的外套。

在短短的 6 个月内，最初挺进俄国的几十万大军，在离开俄国边境时只剩下区区几万人。被遗弃在俄国的还有十几万匹马和近千门大炮。拿破仑的军队自此一蹶不振。

与拿破仑的军队在极端天气面前不堪一击相比，地球生命自出现以来，作为一个整体，具有惊人的韧性。无论何时何地，以何种形式出现，地球生命在自己有限的生命期内，都从未放弃完成自身的使命。而外界不断地锤炼，乃至毁灭式的冲击，对地球生命最大的影响就是让它愈加顽强，使它能够跟随着地球、太阳乃至宇宙，完成自己存在的意义。

接下来，让我们一起看看缺乏现代科学技术帮助的古人和其他生物是如何适应环境、应对气候变化的。

在赤壁之战中，诸葛亮利用东风取胜。在第二次世界大战中，盟军利用短暂的"天气窗口"实现诺曼底登陆。你还知道历史上有哪些战争受到了天气的影响？

4

适者生存的智慧

角马为什么总在奔跑？

熊蜂的"舌头"为什么会变短？

在如此干旱的戈壁中，为什么有些地区能绿意盎然？

从赤道到两极，从浩瀚无垠的海洋到冰川覆盖的山峰，为了适应当地的环境，动物不断地进化，人类则发挥自己的聪明才智，实现与大自然的和谐相处……

携带气候信息的『交通员』

为了适应气候变化，动物们做出各自的选择，或向上，或向前，或『变』成人。

无路可退的山顶

　　随着以全球变暖为代表的气候变化日趋明显，科学家已经在全世界范围内观察到，为了适应气温升高所带来的改变，植物和动物会倾向于在海拔和纬度更高的地区生活。其中，某些物种为了适应气候变化，其迁移速度之快令科学家为之惊讶。

　　生活在北美洲的北美*鼠兔*就是一个典型的例子。20 世纪前期，科学家记录到这些啮齿类动物平均每 10 年向高海拔地区移动 11 米左右。但是，20 世纪 90 年代后期以来，这些小动物向上迁移的速度明显加快，大约每 10 年向上移动 145 米左右，是原来向上迁移速度的 10 多倍。

　　我国台湾地区科学家对夏季上山避暑的飞蛾进行了长期观察。1965 年，科学家在山上发现了100 多种蛾类；到 2007 年，它们的主要活动范围在 40 年间平均上升了近 80 米。

　　现在，人们更担心的是那些原本就居住在高山上的山地物种。科学家发现它们虽然也在随着全球气候变暖向海拔更高的地区迁移，但其中的

▶　鼠兔因外形略似鼠类，牙齿结构、摄食方式和行为等与兔子相似而得名。

○ 可爱的鼠兔正成为全球气候变化的受害者

一些或由于迁移速度不够快，或已经到达山顶而无处可去，将面临灭绝的可能。

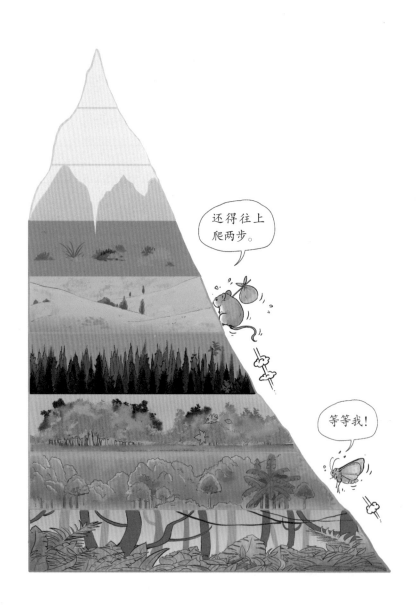

为了更好的餐桌

当今地球上最为壮观的生物大迁徙，莫过于人们所熟知的东非野生动物大迁徙。2012年7月，中央电视台首次连续一周对东非野生动物大迁徙进行直播。在东非塞伦盖蒂大草原上，由上百万头角马和数十万头斑马、瞪羚组成的迁徙队伍，从坦桑尼亚一路奔腾到肯尼亚，浩浩荡荡、气势磅礴。其中，以野生动物跨越马拉河时最为惊心动魄，角马与鳄鱼等捕食者展开生死相搏。那悲壮恢宏的场面是大自然*物竞天择、适者生存*的缩影，给观者留下深刻的印象。

据统计，经过长途跋涉和马拉河水的洗礼后，只有不到一半的动物能够回到出发地，跟随它们一起回来的还有几十万新成员。动物们为什么要付出如此巨大的代价迁徙呢？原来它们是为了适应季节变迁所造成的食物分布变化。

从每年5月中后期开始，随着旱季的到来，生活在坦桑尼亚塞伦盖蒂草原上的角马、斑马和瞪羚等动物追逐着充足的雨水和肥美的青草迁移，前往辽阔的马萨伊马拉草原，繁育新的生命；

▶ **了解科学元典**

"物竞天择，适者生存"的观点出自达尔文的进化论。达尔文在1859年出版的《物种起源》一书中系统地阐述了他的进化学说。

103

从每年10月开始，塞伦盖蒂草原会重新迎来雨季，动物们又会带着逐渐长大的后代，一路追寻着雨水和食物，返回塞伦盖蒂草原。

如果我们将目光投向800万年前的东非，这种由气候变化引发的动物迁徙还与我们人类的起源密切相关。

关乎人类命运的抉择

考古学家和生物学家发现，800万年前，非洲东部地区持续干旱，森林大面积死亡。原本居

○ 塞伦盖蒂国家公园里，一大群角马横跨马拉河

住在树上的灵长类动物开始向三个方向演化。

部分学者认为，那些身强力壮、可以霸占少数残留树木的，成了今天的大猩猩；那些腿脚利索却缺乏探险精神的，开始转移到森林边缘的草原上寻找食物，但仍然依靠森林，它们最终演化成黑猩猩；而那些最为柔弱的，由于缺乏与其他两支竞争的能力，只好放弃森林，为了能在草原上看得更远，不得不直立起来，并用双足寻求新的出路，逐渐从单一食性向杂食性演化。

最后的这一支非洲灵长类动物，经过接下来数百万年对气候变化和严酷生存环境的适应，最终实现了向人类祖先的转变。

2005 年的一个科学研究表明，现代人类的基因组的脱氧核糖核酸（DNA）序列与其血缘最近的祖先——黑猩猩的相似性达到99%。由此可见，正是非洲灵长类动物在几百万年的基因突变和自然选择过程中所出现的微小差别，形成了今天人类与黑猩猩之间不可逾越的鸿沟。而这一切，竟然主要起因于对气候变化的适应！

〇 非洲灵长类动物的演化方向示意图

○ 科学家用于志留纪早期有颌类研究的一件古鱼化石标本

人类的祖先是鱼吗

从寒武纪生命大爆发到人类出现,这期间,地球上进化出很多生物。鱼类的出现要比灵长类生物的出现早上几亿年。科学家认为,人类的古鱼祖先,或者说所有脊椎动物的祖先,大约生活在 4.4 亿年前。之后由于地球环境变迁,古鱼也因为自身条件不同,出现了不同的进化方向:有的古鱼继续生活在水中,它们的后代迄今为止依旧是鱼;而有的古鱼则在之后的上亿年时间里,不断向陆地生物形态进化,成为陆地生物,并逐渐进化成了灵长类生物,直到数百万年前,进化成了最早的远古人类。

中国科学院古脊椎动物与古人类研究所朱敏院士团队对重庆、贵州等地志留纪早期地层中首次发现的 5 种古鱼化石,进行了详细分析和深入研究。2022年 9 月 28 日,《自然》杂志在线发表了朱敏院士团队的 4 篇学术论文,将很多人类解剖学结构追溯到 4.4 亿年前的远古鱼类,填补了"从鱼到人"演化史上缺失的关键环节。

生物迁移对人类有什么影响

如同数百万年前人类祖先的诞生过程一样，生物在迁移过程中会不断接触到其他物种和新的生活环境，发生*基因突变*，进而产生新的物种。生态学家已经开始对这一现象进行研究，不过暂时还无法全面且准确地知道，它将如何影响我们现在的生态系统。

但是由气候变化所造成的生物迁移对人类健康的影响已经发生了。世界卫生组织的研究表明，在最近几十年中，由于适合蚊子生存的环境不断扩大，全球疟疾、登革热和其他主要由蚊子携带的热带疾病的发病范围已经明显扩大。人类的诞生要部分感谢自然气候变化，而今天，由人类活动所加剧的气候变化，又可能威胁人类的生存。

为了适应气候变化，有的动物选择迁徙，而有的动物则选择进化。关于这方面，北美高原的熊蜂有话要说。

▶ 基因突变是由 DNA 碱基对的置换、增添或缺失而引起的基因结构的变化。基因突变在自然界各物种中普遍存在。

「短舌头」的熊蜂有话说

能反映气候变化的事物有很多，气温、雨雪、雷暴、洋流……还有熊蜂的「舌头」。

眼见方能为实

对大多数生物学家而言，眼见为实是确定一个物种是否真实存在的最高标准。虽然一些现代技术，比如获取动植物的 DNA 或分析声像资料记录为物种的确定提供了支持，但要确认地球上的新物种，标本仍是必不可少的。标本馆也因此成为生物学家开展生物分类、形态解剖与系统进化研究的基础信息库。

在一个管理完善的标本馆里，每一件标本都富含可为多个学科所用的科学信息。例如，标本所附带的标签，记载着该标本采集的地点、时间和周边环境等，生物学家和地理学家可以由此得到大量关于生物形态、生态环境和气候演变等方面的真实信息。

呀，"舌头"怎么变短了

通过对比不同时段生物标本的变化，科学家发现了一些生物为适应气候产生的进化，比如北美落基山脉高原地区的熊蜂。与其他蜜蜂不同，这些熊蜂都拥有一根"长舌头"。借助这根独有的"长舌头"，熊蜂能够更有效地采食花蜜。然而，当科学家将 2012—2014 年间采集的熊蜂样本，与 1966—1980 年间保存在标本馆的熊这里说的"舌头"，实际是蜜蜂的口器。口器是昆虫的取食器官。

蜂标本进行比较时却发现，几十年前熊蜂有着长达 8 毫米的"舌头"，而今天它们的"舌头"平均仅有 5 毫米。在不足半个世纪的时间里，熊蜂的"舌头"缩短了约 40%！

对熊蜂在这么短时间内"舌头"变短的原因，一开始科学家给出这样的假设：一是这数十年间，熊蜂的个体变小了，相应地，"舌头"自然也就短了；二是熊蜂最爱吃的那些花朵的花冠变短了，因此熊蜂也改进了"取食工具"。不过，进一步的测量分析却发现，熊蜂的大小和它所食用的花朵的性状，都和几十年前没有区别，科学家最初的这两种假设都不成立。

高原上来了新对手

为此，科学家对熊蜂的生存环境变化进行了进一步分析，并得到了熊蜂"舌头"变短的新线索。

近 50 年前，熊蜂是高原地区蜜蜂群体的主宰，数量超过了该地区蜂群总量的 60%，那些花冠深度超过 12 毫米的花朵大量存在，足以满足"长舌头"熊蜂的胃口。在过去的数十年间，随着全球气候逐年变暖，温度渐渐升高的高原地区已不再是熊蜂的专属区。从低海拔地区逐渐迁徙上来的其他蜂类，成为熊蜂最直接的竞争对手。这导致熊蜂比例大幅下降，到目前仅占高原地区蜂群总量的30%。同时，虽然气候变暖和土壤变干对花朵形态影响不大，但较近50年前，高山地区的花朵数量减少了大约三分之二。

在竞争对手大幅度增加而传统食物源急剧减少的情况下，熊蜂为了生存，不得不拓展自己的采食范围。几十年前，熊蜂几乎不会采食花冠深度小于12毫米的花；而今天，它们却不得不开始向花冠深度仅有5毫米左右的花朵下手。这时，原本是专门用来吸食花冠深处花蜜的"长舌头"，却让熊蜂在吸食短小花朵的花蜜时花费更多的能量，不仅不会为取食带来优势，还会成为竞争的负担。因此，在这几十年的时间里，熊蜂原本为吸食某类花朵而进化出的"长舌头"，又由于生存环境的变化而变短了。

"舌头"长，反而不方便了。

不甚明朗的未来

你还知道哪些动物为了适应气候和环境变化产生进化的例子？请把它们列出来，看看你能从它们身上得到什么宝贵的启发。

熊蜂可以居住在其他蜜蜂一般无法生存的高山和高原地区，因此，相比于一般的蜜蜂，它的绒毛更多，能携带更多花粉，进而提高花粉传播效率。于是，熊蜂成为高原地区特别重要的一种授粉昆虫。

科学家的研究表明，虽然熊蜂可以较快地适应高原栖息地的环境变化，但是随着气候变化的进一步加剧，熊蜂的生存区域将会越来越少，仅靠熊蜂自身的适应能力，可能还是难以摆脱由气候变化带来的灭顶之灾！

动物只能被动接受自然的"选择"，而人类依靠百万年来进化所得的头脑，则可以通过改变环境让自己获得更好的生存条件。这些改变充分发挥了人类的智慧，实现了人与自然的和谐发展。我国四川的古代著名水利工程都江堰和新疆吐鲁番市的坎儿井，就是其中最为突出的代表。

从大自然中找灵感

科学家通过认识自然、模拟自然，来研发或制造满足人类需求的技术或产品。对于许多难题，既然大自然已经给出了答案，那么从大自然中找寻灵感当然再合适不过了。你知道吗，蜜蜂不但能启发人们研究出帮植物授粉的新技术，还曾给科研人员带来灵感，使他们实现了大幅度改善拍照质量的想法，甚至促成了海洋研究方面的重大进展。说起来，人类还真得感谢它们的"蜂"功伟绩呢！

像气候学家一样思考

气候变化会影响生物的形态和行为等。反过来，气候学家可以从生物的这些变化中推测过去的气候和环境状况。例如，对于两个亲缘关系较近的物种，科学家能够根据一些证据估算出它们分化的时间，从而推算出其共同祖先的生活时期，甚至是其栖息地的温度和降水量。

与『龙』共舞的和谐之作

一座两千多年的水利工程，让滚滚『悬江』听从人类的调度。人与自然和谐发展的最高境界，大概就是用自然的力量改造自然。

江水初荡潏(yù)

四川因其独特的地理位置、优越的自然环境、肥沃的土地、丰饶的物产而被称为"天府之国"，尤其是岷江、沱江及其支流冲击出来的成都平原，是中国西部经济最发达的地区之一。但是，你知道吗，在两千多年前，这里水旱灾害频发，民不聊生。

那时候，"难于上青天"的蜀道所在的群山作为成都平原的天然屏障，使其躲开了中原地区纷飞的战火，然而再坚固的屏障也无法挡住极端天气的袭击。遇到干旱，成都平原就会赤地千里，颗粒无收；而一旦岷江洪水泛滥，江水如巨龙奔腾而下，所到之处便宛如一片汪洋大海。唐代诗人岑参有诗句"江水初荡潏，蜀人几为鱼"，意思是江水汹涌动荡，蜀地的百姓几乎成了江中的鱼。这可以说是对当年成都平原饱受洪水肆虐的真实写照。

天府之源

公元前316年，秦将司马错率军越过蜀道，攻灭了巴（今四川东部）、蜀（今四川西部）两国。长期以来，巴蜀地区农业十分落后，百姓都是靠天吃饭。秦昭王末年（约公元前256年—前251年），

► "水旱从人，不知饥馑"出自《华阳国志》，原文是："水旱从人，不知饥馑，时无荒年，天下谓之'天府'也。"意思是：逢水灾、旱灾，按照人的意愿调节水流，老百姓不再挨饿，没有了荒年，天下都称它为"天府之国"。

蜀郡守李冰主持修建了都江堰，大大促进了当时成都平原的农业发展，让曾经饱受水旱灾害侵扰的蛮荒之地，一跃成为"水旱从人，不知饥馑"的富饶之地。而秦国在公元前221年最终得以统一中国，可以说也有都江堰的一份功劳。

作为世界文化遗产的都江堰，是世界上年代最久、唯一留存、以无坝引水为特征的宏大水利工程，历经2200多年依然正常运作，造福后人。都江堰工程不但每一处都体现着设计者对自然规律的深刻理解，更是近乎完美地实现了贯穿中国历史发展的"人与自然和谐共存"的哲学思想。

○ 李冰石像

滚滚江水四六分

　　岷江是长江上游的重要支流，水道相对成都平原的大部分地区海拔更高，是一条"悬江"。河口的多年平均流量为每秒 2850 立方米左右。

　　李冰将都江堰选址在岷江中游，刚好是成都扇形冲积平原的顶点，以此作为引流的制高点，可以很好地利用自然坡度灌溉下游的农田。都江堰最关键，也是最有特色的是采用了无坝引水，利用自然力量来实现水量的调节。

精妙的选址

　　李冰父子总结前人的治水经验，又探查周围地貌并勘测岷江，最终将工程位置选在了岷江穿越山地与平原的交界之处。

今天许多水利工程是以"堵"的方式，通过建设水坝拦截河流，再通过闸门对水量进行人工调节。而李冰利用地形，在岷江中选取适当的位置筑起了一座分水堤坝，名为"金刚堤"，堤坝的顶端名为"鱼嘴"。

鱼嘴把滚滚江水分割成内江和外江，并随不同季节的水流量，自然地按四六比例进行分流。冬春季，水量小，四成江水流入外江，保证了鱼类生存和环境生态用水，六成江水流入内江，用来进行农田春耕灌溉；到了降雨较多的夏秋季，上游来水较多，就变成六成水被分流到外江，四成水流入内江，使得农田免遭水淹。

○ 平缓插入水中的鱼嘴，现今的鱼嘴由混凝土和鹅卵石筑就

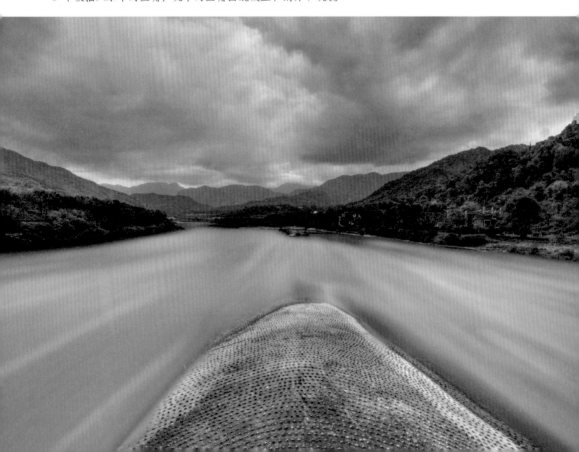

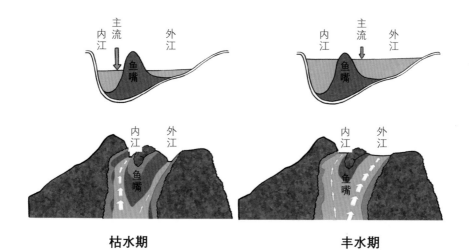

枯水期　　　　　　　　　　　　丰水期

○ 枯水期与丰水期的鱼嘴分流示意图

甩沙砾、开宝瓶，自然而然

　　鱼嘴还具有排沙的功能。以洪水期为例，大量的水流进入外江，同时也带走了大部分沙石，但仍有一部分进入了内江。那么，进入内江的沙石应该如何处理呢？

　　李冰利用弯道水流里的泥沙运动规律，通过弯道环流所形成的强大作用力，将上游水流挟带的大量沙石"甩"至外江，避免内河的淤塞，同时大幅度减少了人工清淤的劳作。

　　宝瓶口是李冰在山崖上采用"以火烧石，用冷水浇泼，使岩石急剧膨胀收缩炸裂"的方法，人工开凿出的由内江到成都平原的引水出口。它是控制内江进水量的关口，当洪水到来，内江水流过大时，进入成都平原的水量会被宝瓶口控制，多余的水经过飞沙堰排向外江。经宝瓶口流出的水则会顺应地势的高低变化，自然而然地形成一个引水灌溉系统，为成都平原万千田畴提供了稳定的水资源。

从未学过水利的蜀郡守，却担起治水大任，让桀骜不驯的江水愿意听他的调度，实在是令人不得不感佩他的智慧。

都江堰让旱涝无常的四川成了天府之国，后来生活在这片土地上的百姓无不享受着它的庇护。都江堰真可谓"超级工程"。

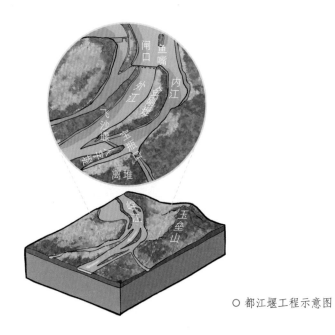

○ 都江堰工程示意图

你知道吗，中国古人修建的伟大工程还有很多，比如万里长城、京杭大运河，以及下文中这个与它们并称为"中国古代三大工程"的地下水道。

○ 都江堰水利工程正在进行岁修

持续千年的维修

　　都江堰并非一项一劳永逸的工程，沙石淤积会改变河道的形态，从而影响工程整体的作用，所以疏浚河道必不可少。每逢冬春之时，岷江水位下降，人们须淘除沙石直到适当深度。同时，飞沙堰、金刚堤等其他结构也须完成加固和修复。一年一度的工程维护，人称"岁修"，这也正是都江堰历经 2200 多年依然发挥作用的奥妙所在。

戈壁绿洲的守护神

勤劳的古代吐鲁番人民，
用智慧引来天山上的冰雪融水。
坎儿井的水流过的地方，
果木染绿了荒原。

绿洲之水天上来

在干旱地区，水不仅是农业生产的命脉，更关系到人的生死存亡。新疆吐鲁番市是我国最炎热、最干旱的地方，《西游记》里的火焰山就在这里。但在沙漠、戈壁包围之中的吐鲁番却是一片绿洲。

滋养吐鲁番绿洲的水是从哪里来的呢？这首先要归功于吐鲁番独特的地形。吐鲁番是一个四周为山地所环绕的盆地。这些高山山顶不仅常年覆盖冰雪，山区年平均降水量也可以达到几百毫

吐鲁番年平均降水量仅有16毫米，年蒸发量却高达2900毫米。这里的年平均气温在30℃以上，历来有"火都"之称。

吐鲁番火焰山

每当盛夏，红日当空，赤褐色的山体在烈日照射下，仿佛熊熊烈焰，故此得名。

米。夏季来临，融雪和雨水就会大量流出山口，进入吐鲁番盆地。戈壁表面是渗透性很强的沙土，地下却是黏性土质，坚固且不容易塌陷。大量的高山雪水渗入戈壁后就变成了潜流，形成了丰富的蓄水层。

► 清朝萧雄《西疆杂述诗》中有一首言及坎儿井："道出行回火焰山，高昌城郭胜连环。疏泉穴地分浇灌，禾黍盈盈万顷间。""疏泉穴地"是坎儿井这一水利工程最大的特点。

疏泉穴地分浇灌

虽然可以靠打井来获取水资源，但如何将水引到数十千米外的居住地和农田，对生活在吐鲁番的古代人民而言是一个大难题。因为吐鲁番不但高温还极度干燥，相对湿度经常为零，蒸发量巨大。在这种气候条件下，如果直接开挖引水河道，那么还没有到达目的地，水可能就已经被蒸发得所剩无几了。为了解决这个难题，两千多年前，当地人便发明了坎儿井这种独特的地下水利灌溉系统。

坎儿井，维吾尔语叫"坎儿孜"，意为"地下水道"。坎儿井水利系统主要由竖井、暗渠、明渠和涝坝4部分构成，利用了北高南低的地势，不需要动力就可以将地下水引出地表。

　　其中，竖井在开挖暗渠时用以定位、出土及通风，平时供检查维修用。暗渠是主体，也就是地下河道，一般高1.4～1.7米，宽0.5～0.8米。明渠就是地面的导流渠，将水引入涝坝或直接浇灌田地。涝坝是具备蓄水和调节水温作用的蓄水池，冰凉的地下水在涝坝蓄积后温度上升，更便于农田灌溉。

　　在掏挖暗渠时，吐鲁番人民发明了油灯定向法。这种方法巧妙运用了两点成线的原理，将油灯置于身后，施工者只要始终朝着自己的影子挖，就可以保证方向不发生偏离。

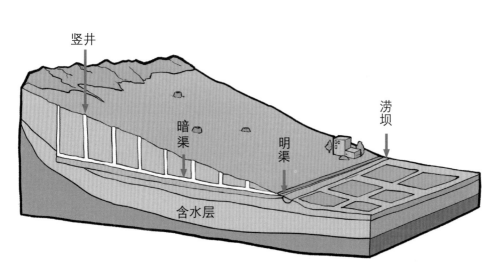

○ 坎儿井结构示意图

125

○ 戈壁滩上纵横着的一连串圆土包就是坎儿井的竖井口

地下水长城

    坎儿井系统不仅可以将所汇聚的地下潜流输送到很远的地方，还可以保护水源尽可能不受高温、狂风和沙尘暴的影响。吐鲁番所具有的独特的地质结构、地理位置和气候环境，孕育出了这特殊的"地下水长城"。新疆现有1000多条坎儿井，全长约5000千米，其中大部分分布在吐鲁番盆地。

    正是这闪耀着人类智慧的独特水利工程，把地下水引出地面，灌溉了吐鲁番盆地万顷良田，让茫茫戈壁上有了葱郁的绿色，支撑了城市的繁荣。

在地质学家看来，在地球 46 亿年历史的长河中，气候总是在变化，有葱郁的树木覆盖着南极洲、恐龙自在漫步的暖期，也有整个地球几乎完全被冰雪所覆盖、生物大灭绝的冰期。

气候学家预测的未来气候现象，在地质学家眼中，不但早已发生过，可能在某种程度上还有过之而无不及。但是，地球历史上的气候变化主要是由自然所主导的，而今天所发生的气候变化，我们人类却负有不可推卸的责任。下面，让我们从身边耳熟能详、习以为常的一些"小事"，看看人类是怎样一步步影响地球气候的。

○ 吐鲁番的种植园一片葱郁

5

地球不可承受之殇

火对人类文明意味着什么？

我国古代有哪些关于环境保护的法令？

如果存在外星人，那它们眼中的地球会是什么样子的？

工业革命以来，人类活动给地球造成了显著影响，如气候变化、环境污染、生态破坏等，人类行为已成为全球环境变化的主要驱动力，地球系统的稳定状态正在受到威胁……

地球上的亿万个火炉

从畏惧到驾驭，
火的使用促进了人类社会的发展，
却让地球披上了『黑色外衣』。

人类进化的秘密武器

地球自诞生之日起就不缺乏火源，或来自火山爆发，或受到外来星体的撞击。但要维持火，还必须有另外两个必要条件：一是充足的氧气，二是可以燃烧的燃料。当陆地上没有植物，或大气中的氧气含量较少时，也就不会出现草原、森林大火。

火在地球生命进化的一定阶段发挥了重要作用，使用火是区分人类与其他动物的重要标志之一。虽然人类发现和使用火的确切时间还没有科学定论，但人类智力突飞猛进的进化与火的使用密切相关。

后来，经过漫长的岁月，人类终于打破了与其他动物一样对火的天然畏惧。从一开始发现被火烧焦的动植物会变得更好吃，到后来学会保存火种，人类除了吃上熟食，还在夜间获得了照明和温暖。不仅如此，火光吓跑了掠食性动物，烟雾还可以有效地驱赶蚊虫。

研究表明，世界上人类用火的最早记录是在大约 180 万年前，来自山西省南部芮城县西侯度

► 燧石因为坚硬，破碎后会产生锋利的断口，所以最早为石器时代的原始人所青睐。将燧石与铁器击打会产生火花，因此燧石也被古人用作取火工具。

遗址。那里发现了当时的动物烧骨化石。又经过很长一段时间，在几十万年前，人类学会了使用燧石生火。而人类有规律、广泛地使用和控制火，包括通过烧荒来开拓土地用于农业生产，可能仅在约 7700 年前才开始。

科学研究表明，经过火烹制的食物，特别是肉类，不但更加美味可口，而且火对蛋白质的加热还使其更有利于消化。通过食用烹饪过的食物，早期人类摄取了更多的热量和营养，可能还因此

○ 穿兽皮的原始穴居人用弓钻法生火做饭（模拟场景）

扩大了*脑容量*。尽管时至今日，生食鱼肉仍然在一些地区作为传统饮食习惯被保留，但用火烹制食物标志着人类彻底与野生动物划清了界限，进入新时期。

▶ 脑容量也称颅容量，指的是颅骨内腔容量大小，以毫升为单位。成年人的脑容量大约是1400毫升。

○ 人类脑容量的进化

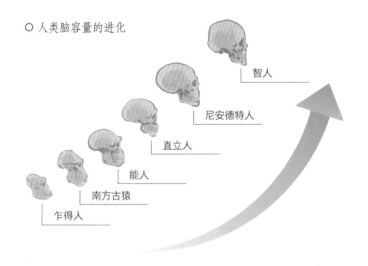

智人

尼安德特人

直立人

能人

南方古猿

乍得人

人类的脑容量越变越小，意味着我们越来越笨吗

研究者凯瑟琳·麦考利夫在《发现》杂志上撰文指出，人类的大脑在过去的2万年间逐渐缩小，男性脑容量从约1500毫升缩小到约1350毫升，这个差距相当于1枚网球的大小；女性的脑容量缩小比例基本与此相同。

美国威斯康星大学的人类学家约翰·霍克斯认为，从社会现象来看，人脑不断缩小并不必然代表人类的智力在衰退。有的科学家认为，人类大脑的缩小能够减少耗能，提高大脑的利用率；有的科学家则认为，人类社会日趋复杂，人们可以专注发展所长，不用兼顾多样技能，所以大脑的某些功能退化，容量缩小。

20 亿人的柴火饭

在人类漫长的烹饪技术发展过程中，各个地区的居民发明了形式多样的烹饪方式，如煎、炒、蒸、煮、炸等。但无论烹饪方式有多少，大多都离不开加热。因此，获取能够产生热量的燃料——从采集树木、杂草、动物粪便，到开发以煤、石油、天然气和电为代表的现代能源，是人类社会劳动中的一项重要活动。

如今，对居住在发达国家及发展中国家相对发达地区的城市居民而言，获取日常烹饪所需的燃料已经轻而易举。而对许多贫困国

○ 一位老人用木柴生火做饭

家和不发达地区，特别是偏远农村的居民来说，获取充足的燃料以烹饪满足生存需要的食物仍然是日常生活中的一个大问题。

据联合国有关机构统计，目前全球仍有大约30亿人无法获得煤、油、气、电等现代燃料来做饭和取暖。他们不得不以传统生物质能源，如木柴、木炭、秸秆、动物粪便等，作为烹饪燃料。

亚洲是全球依靠传统生物质能源生存的人口最多的地区，有相当大的一部分人口依赖传统生物质燃料，仅印度一国就有几亿人。在中美洲的萨尔瓦多、危地马拉、洪都拉斯和尼加拉瓜等国家，有超过80%的家庭使用木柴生火做饭。从全球范围估计，大约有超过20亿人每天使用4亿个木柴炉子煮烧食物。

▶ 生物质燃料是包括植物材料和动物废料等有机物质在内的燃料。

全球变暖的"黑"手

燃烧木柴不仅对生态环境造成了负面影响，导致森林退化、土壤侵蚀等，更对全球气候变化产生了巨大影响。科学研究发现，全球亿万家庭

每年80万吨烟灰，就是这么产生的！

做饭用的燃烧木柴或秸秆的炉子，每天会燃烧高达200多万吨生物质燃料！粗略估计，全球每年燃烧木柴会产生约80万吨烟灰，占每年进入大气烟灰的5%左右。这些传统炉灶燃烧木柴排放的烟灰所含的有害颗粒比草原或森林火灾产生的烟灰所含颗粒颜色更深。这些颗粒是黑色的，可以高效地吸收热量。当它们飘落在极地地区、西伯利亚地区和高山地区的积雪上后，被染黑的雪对太阳辐射的反射减弱，进而吸收更多太阳热量。研究表明，当前所发生的全球变暖，这些黑色颗粒就做出了不小的"贡献"。

从长远看，减少这些黑色颗粒对气候系统影响的最有效方法，是用更清洁的燃料替代木柴，包括使用太阳能、风能等清洁能源，以及液化石油气和经过处理的煤饼等低排放化石能源。但是，现代燃料的成本是绝大多数发展中国家贫困人口所难以承受的。目前，联合国和其他一些非政府组织在全球贫困地区积极推广改良后的炉灶，并引导人们正确使用这些炉子，以减少室内空气污染，保障使用者的健康。减少炉灶排放等举措对全球气候变化的影响看上去虽小，却是一个良好的开端。

掌握了火，人类又有了群体聚集生活，随之出现的就是一个至今也没有彻底解决的问题，那就是怎样处理由"吃喝拉撒睡"所产生的生活"垃圾"和为了满足人们"衣食住行"需要所产生的生产"垃圾"。人类绞尽脑汁想出了各种处理垃圾的办法，让我们接着往下看。

太阳能炉子

　　当地时间 2023 年 2 月 10 日，在印度尼西亚万隆市，一名大学生正在展示如何使用太阳能炉子做饭。"Mag Fire"是这款太阳能炉子的名字，它是由回收的铁、铝箔等材料制成的，比传统炉灶更环保，价格更低。

人类垃圾启示录

古代的垃圾场，
能成为我们了解先人生活的窗口；
今天的垃圾，
却已成为全球性的环境和社会问题。

先人们的垃圾场

古人主要通过掩埋、焚烧和饲养动物等方式销毁城镇和乡村的垃圾。以我国河北赵县贾吕村附近发现的5000—6000年前的古代村落遗址为例，那里除了出土大量钵、罐、盆、连口壶等器物的陶片外，最不同寻常的是，在遗址周围分布有30多个深浅不一、大小不等、形状各异的灰坑。进一步考证认为，这些灰坑是古人倾倒垃圾的场所。这些灰坑的发现，对后人了解那个时期人类的生活方式和社会结构有很大帮助。

西方文明中有记录的最早的垃圾填埋场出现在约公元前3000年，位于希腊克里特岛的克诺索斯。当时的人们通过挖深洞、再用泥土覆盖的方法来处理垃圾。大约公元前500年，古希腊城市雅典还制定了西方最早的关于垃圾处理的规定。该法案禁止居民在街道上扔垃圾，垃圾必须在距离城市约2000米远的地方倾倒，以保持城市美观并预防疾病。

到2000米了吗?

垃圾围城

 我国自3000多年前的商朝就已经制定了垃圾处理的相关法律。据《韩非子》记载："殷之法，弃灰于公道者，断其手。"也就是说，

○ 当地时间2022年2月18日，约旦河西岸，鹳聚集在垃圾填埋场的可回收塑料材料上

乱扔垃圾要受到剁手的惩罚！但随着城市规模的扩大，人口剧增，之后的统治者却在垃圾问题上表现得束手无策。汉代的 400 多年间，以堆积或掩埋为主的垃圾处理方式几乎把原来的长安城毁掉了，故有"京都地大人众，加之岁久，壅底垫隘，秽恶聚而不泄，则水多咸苦"的记载。唐朝统治者吸取汉长安城的教训，对城市垃圾的管理更加细致严格，如"其穿垣出秽污者，杖六十"，意思是隔墙往外扔垃圾，就要接受 60 大板的刑罚。明清时期，虽然也有相关法律，但北京城内居民将垃圾"悉倾于门外"，日积月累以致最后街道上的垃圾"高于屋者至有丈余"！

同样的问题在西方也长期存在。在几千年的漫长时间里，将腐烂的食物和其他垃圾扔出窗外是很常见的，欧洲城市居民基本都生活在遍地垃圾的恶劣环境中。长期堆积的垃圾成为老鼠、狗和鸟等疾病传播载体的活动场所，还严重污染着空气和饮用水，最终助长了人类历史上最严重的瘟疫之一——*鼠疫*的蔓延。这场瘟疫造成了当时欧洲约三分之一的人死亡。

▶ 鼠疫是由鼠疫杆菌引起的烈性传染病。一般先在家鼠和其他啮齿类动物中流行，由鼠蚤叮咬而传染给人。

141

20世纪60年代开始，美国将比较易于监管、监控的大规模垃圾填埋场作为垃圾的主要处理地点。但是，无论是在美国还是在全球范围内，能够作为垃圾填埋场的空间越来越稀缺，而垃圾产生量却呈指数增长。2018年，世界银行预测，如果不立即采取行动，到2050年全球垃圾产生量可能会较2016年增加70%，达到34亿吨。

垃圾影响气候

　　现代垃圾的大量产生，对全球气候变化起着日益明显的影响。这种影响，一方面来自垃圾产生源头的经济发展模式和奢侈性消费

○ 当地时间2022年4月27日，印度新德里的一个垃圾填埋场发生火灾，一名男子在垃圾中寻找可重复使用的物品

的生活方式。美国官方曾估计，每个美国人平均每天产生的固体生活垃圾有 2 千克之多；全美每年所生产的食物的 40% 最后会被抛弃到垃圾填埋场。美国日常生活用品的生产厂主要位于发展中国家，而这些国家的生产效率和能源使用效率比较低，生产这些低价值产品会大量消耗化石能源，再加上远距离运输等因素，大幅度增加了二氧化碳的排放量。

另一方面，发展中国家受到经济和技术发展水平的制约，对垃圾处理不当，在填埋处理过程中会向大气排放甲烷，增加大气中温室气体的含量。据联合国的不完全估计，来自垃圾的温室气体虽然总量不大，但增长速度非常惊人，如果不尽快加以控制，未来将会给地球造成难以挽回的影响。

垃圾不但围住了我们的城市，也蒙蔽了我们的双眼。人在世上"吃喝拉撒"，每分每秒都在"生产"垃圾，而有时我们却对此视而不见。生存与环境保护不能顾此失彼，应对全球气候变化之道也许就在身边。比如，节约你手中的每一张纸。

美国国家航空航天局（NASA）的地表矿物尘埃源调查任务探测到，位于伊朗德黑兰南部的一个主要垃圾填埋场释放出至少 4.8 千米长的甲烷烟柱。

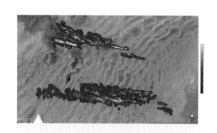

在土库曼斯坦哈扎尔东部探测到的 12 个向西移动的甲烷烟柱，长度超过 32 千米。

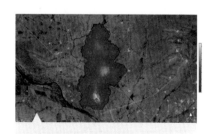

在美国新墨西哥州卡尔斯巴德东南部探测到 3 千米长的甲烷烟柱。（图片来源：NASA/JPL-Caltech）

一张纸的代价

纸张给人类带来方便的同时，也给环境造成了一定的影响。

一张纸的背后，究竟藏着怎样的秘密？

从惜纸如金到广为传播

　　自从人类发明文字以来，我们一直在寻找更好的方式来记录、保存和传播这些文字。文字与记录文字的载体是同时出现的。古时用以记录文字的物品，有的过于昂贵（如青铜器、缣帛），有的过于笨重（如竹简、木牍），有的不易多得（如龟甲、兽骨），因此难以广泛使用。直到东汉时期，蔡伦总结前人经验，改进了造纸术，以树皮、麻头、破布、旧渔网等为原料造纸，并在公元105年奏报朝廷后向民间推广。

　　蔡伦造纸术不但大大提高了纸张的质量和生产效率，扩大了纸的生产原料来源，还大幅度降低了纸的成本。蔡伦造纸术首先传入朝鲜半岛和日本，8世纪开始传入西亚、北非和欧洲，至19世纪中叶已传遍世界。

　　纸的发明彻底改变了人类记录信息的方式和途径，对历史和文化传承产生了深远的影响。它不仅使文字的记录和传播变得更加容易和方便，还极大地推动了书籍、文化和知识的广泛普及，成为文明进步的重要推动力之一。

温室气体排放和耗能大户

与古代造纸原料的多样化不同，现代纸张的生产原料大部分都来自树木。据统计，全球商用木材砍伐量的 40% 都被用于纸张生产。

树木是现代造纸的理想原料。因其生长集中、数量丰富、纤维品质优良，比起其他原料（如麦草、稻草）更利于集中运输和加工，能够降低生产成本。然而，现代化造纸对我们的生存环境产生了一定的影响。

在纸张的生产过程中，除了需要消耗大量水将木材转变为纸浆外，还需要耗费大量能源进行压榨和高温烘干等流程。据科学家分析，造纸行业由于能源消耗所排放的温室气体总量在所有制造行业中排名第四，占人类活动二氧化碳总排放量的 2% 以上。

此外，废旧纸张的处理过程也会对气候变化产生影响。目前，纸张在全球城市生活垃圾总量中的占比非常大。如果不循环使用，只是将纸张做简单填埋，那么纸张在分解过程中就会产生大量甲烷，而甲烷所产生的温室效应比二氧化碳大得多。

○ 木材工业为造纸商提供原材料，这是
美国威斯康星州经济活动的重要部分

良性循环有妙招

　　为了平衡对森林资源的保护和造纸业的发展，一些国家已经积累了成功的经验。例如，芬兰依托于优越的自然条件，其造纸业十分发达。同时，芬兰十分重视森林保护，不断推行和完善森林管理方法，如"每砍 1 棵树，栽活 3 棵苗"的法规，让保护森林和发展造纸始终保持着良性循环。

　　在今后相当长的一段时期内，纸张仍将在人们的生活和工作中占据重要地位。今天，虽然电子读物的日益普及为我们节约了大量纸张，但出于技术、文化和传统习惯等各种原因，读书、读报仍是许多人的选择和乐趣所在。接下来的内容，则涉及人类生活的另一个重要活动——出行。

　　节约用纸并不仅仅是一句口号，我们一方面要尽量减少各类纸张的使用和浪费，如在公共场所洗手后只用一张纸擦干；另一方面要更多地增加纸的循环利用，减少废纸量。你还知道哪些减少纸张消耗的好方法？让我们一起行动起来吧！

○ 美国缅因州拉姆福德的一家造纸厂

一卷都不能少

纸张不仅承担着传承人类文明的重要责任，更是现代文明社会必不可少的生活必需品之一。据统计，在美国东南部，每当飓风来临，卫生纸就会成为超市里首先被一抢而空的商品！美国人口只占全球人口的 4% 左右，却使用了世界上 20%的卫生纸。据统计，平均每个美国人每年使用约 141 卷卫生纸，德国和英国的卫生纸人均年使用量分别为 134 和 127 卷，中国大约是人均每年 49 卷。（按照不同的统计年份与标准，数据略有偏差。）

汽车「占领」地球

汽车的诞生，
让人类文明有了跨越式的进步。
亿万辆汽车的尾气排放，
也成为地球不可承受之痛……

外星人眼中的地球

想象一下，一个外星人问另一个到过地球的外星人：地球上是什么样子的？

这个到过地球的外星人说：控制这个星球的主要生物是一种方盒子，它们有4个轮子，喝汽油，大嗓门，晚上眼睛里能发出强光；而每一个这种生物体内，都有能直立行走的"寄生虫"。

你如果从飞机上向下俯瞰，看到的有可能就是外星人所描述的这种情景。

世界上的第一辆汽车

德国曼海姆城的发明家卡尔·本茨是德国著名的戴姆勒－奔驰汽车公司的创始人之一，也是现代汽车工业的先驱者之一。1886年1月29日，德国曼海姆专利局批准本茨的三轮汽车专利申请，这标志着世界上的第一辆汽车正式诞生。人们把1月29日称为汽车诞生日，本茨也因为他

所发明的三轮汽车而被誉为"汽车之父"。

汽车的发明在人类文明史上是一个具有里程碑意义的事件。自远古人类发明轮子起，由人力到畜力推动的各种车辆层出不穷。但是，直到以蒸汽机为动力的工业革命后，人类又经过了一百多年的探索，才最终生产出具备现代汽车雏形的实用汽车。

轮子上的世界

从一定意义上讲，汽车产业对全球经济的发展起了很大的推动作用。汽车产业涉及众多上下游产业：上游产业包括矿产资源开采、钢铁冶炼、塑料和橡胶制造等；下游产业则包括基本建设（特别是

○ 大众汽车总部的 "汽车塔"

公路建设）、客货运输、旅游、商业服务、个人消费等。而银行信贷、保险、期货等金融行业更是随着汽车的普及衍生出许多新的金融产品。在一些汽车生产和消费大国，汽车产值每提升一个百分点，会带动相关上下游产业的产值提升十多个百分点。这一点在被称为"汽车轮子上的国家"的美国表现最为明显。

1903 年，号称"汽车大王"的亨利·福特在美国底特律创建了第一家大规模汽车生产厂。其后，通用和克莱斯勒等汽车制造公司相继把总部和工厂设在底特律。从 20 世纪初到经济大萧条前的约 30 年间，底特律被称为"世界汽车之都"，生产的汽车数量位居全球第一。

到 20 世纪 50 年代的鼎盛时期，世界上每生

▶ 经济大萧条通常指的是 1929—1933 年间发源于美国，后来波及整个资本主义世界的经济危机。

○ 1917 年，美国底特律福特汽车工厂内，汽车装配结束，工人开始检查车身

产 4 辆汽车，就有 1 辆出自底特律。底特律当时的常住人口也因此超过 180 万。然而，随着日本汽车业的腾飞，在短短十几年间，美国汽车市场受到巨大打击，底特律的地位一落千丈，人口数也大幅度下降。

今天，中国的汽车增长速度排名全球第一。根据国际能源署的统计数据，截至 2021 年，全球汽车保有量达到了约 13 亿辆。将来，汽车"占领"地球的感觉将愈加明显。

地球不可承受之痛

科学家观测分析表明，汽车尾气排放对全球气候变化的影响极为显著。以美国为例，作为全球人均车辆拥有率最高的国家，几亿辆汽车排放的各种温室气体占美国每年温室气体排放总量的约三分之一。

炉灶、垃圾、纸张、汽车，这些在我们生活中已经司空见惯之物，不加以合理使用、控制和改良，都会直接或间接地影响全球气候，而人类也将不得不吞下导致全球气候变化所造成的"恶果"。

未来的海洋『霸主』

地球平均气温升高、极地冰川融化、陆地气候极端化……要面对生存挑战的不止人类，生活在占地球表面约71%的海洋里的生命，同样面临危机。这会让整个地球生命重新洗牌吗？

不速之客

　　1999年12月10日晚，菲律宾首都马尼拉的热门购物中心里熙熙攘攘，各处餐馆里都是假日聚会的人们。然而，突如其来的断电让拥有4000多万人口的吕宋岛陷入了一片黑暗。

　　黑暗中的民众对事故原因议论纷纷，许多人彻夜难眠。直到第二天，公众才从政府调查报告中得知：此次断电的"罪魁祸首"竟然是太平洋中的水母！几百吨水母堵塞了马尼拉燃煤发电厂的海水冷却管道，从而导致停电。

　　自此次断电事故后，在过去的20多年中，日本、以色列、英国等多个国家也相继发生了因水母堵塞冷却设备取水口，而不得不临时关闭发电站的类似事件。

○ 大量水母袭击以色列的发电厂，工作人员用挖掘机送走"不速之客"

水母来袭

　　除了严重威胁沿海地区发电厂设施，水母暴发已经成为造成海水养殖鱼类死亡的主要原因之一。2007 年，一个覆盖面积达 16 平方千米、厚 10 多米的名为"淡紫色毒刺"的水母群，如洪水般涌入了北爱尔兰海岸附近的一家鲑鱼养殖场，而工人们却只能无助地站在船上，看着他们所养殖的鲑鱼被蜇咬。短短几小时，就有约 10 万条鲑鱼死亡。

　　位于非洲西部和南部沿海的东南大西洋渔场，是世界级著名渔场之一。英国科学家发现，近 10 多年来，这个渔场中的水母数量激增，甚至已经影响了鱼类的产量。在日本，渔民也在他们的渔网中发现了大量水母，如"野村水母"，它可以长到直径 2 米以上。当野村水母大暴发时，日本北部的捕鱼船就不得不停止出海。

　　最可怕的是澳大利亚箱形水母，如果被它蜇到，其毒性可以在几分钟内使一个人的心脏停止跳动。虽然大多数水母不会对人类的生命造成威胁，但被水母蜇到也是一件相当痛苦的事。2006

▶　东南大西洋渔场的形成要归功于本格拉寒流。它使深海的营养物质上泛，促使浮游生物大量繁殖、生长，为鱼类提供了充足的饵料。

年，西班牙红十字会在布拉瓦海岸就治疗了近2万名被水母蜇伤的游泳者。在2007—2011年间，水母暴发在意大利海岸造成几万起蜇伤事件。一些国家海滨城市的旅游业近年来也由于水母的频繁暴发而受到影响。

独霸"死亡地区"

查阅过去20多年的新闻报道，大范围水母群的暴发在全球许多地区已经严重影响人类的生活和生产活动。从挪威的三文鱼养殖峡湾到泰国的度假胜地，从北半球的日本海到南半球的澳大利亚海滩，从加拿大西海岸到美国加利福尼亚州沿岸……水母暴发广泛出现在全球各主要海域，而且每立方米水域内水母数量可达数百只的大规模暴发事件也越来越多。令人惊讶的是，海洋学家经过多年观测研究发现，导致水母快速繁殖的原因竟然是人类活动！

近几十年来，由于人类在全球海域的过度捕捞，以水母为食的食肉鱼类和以浮游生物为食的小型鱼类数量大幅度下降。天敌和食物竞争对手的同时减少，打破了水母所在生长环境的生态平衡，在适合的条件下，水母必然会尽情繁殖。

同时，人类活动对海洋的污染也大大助长了水母在近海岸地区的暴发。河流将化肥和其他人造化学品汇入海洋，化肥为浮游植物提供营养，促使其大量繁殖；浮游植物死亡后，细菌分解它们，消耗了水中的氧气；缺氧的水会杀死或驱逐其他海洋生物。但水母在各种污染条件下，包括在那些其他海洋生物无法生存的"死亡地区"，依然能够成活。自20世纪60年代以来，这些"死亡地区"的数量每10年翻一番，现在全球大约有500处"死亡地区"为水母所独霸。

耐酸，耐热，耐低氧

地球大气、水、陆地和生命之间经过长期演化，形成了相互影响、相互协调、相互制约的紧密关系。200多年来，人类大量燃烧石油、煤炭等化石燃料，使大气中二氧化碳的浓度在极为短暂的时间里持续升高。二氧化碳溶解在海水中会形成碳酸，过量的二氧化碳会打破原来的平衡，导致海洋酸化，进而溶解贝壳类动物的外壳；珊瑚礁在过酸的海洋中也会出现发育不良的情况；一些种类的海洋幼鱼因嗅觉受到酸性海水的影响，甚至还会迷失方向。

科学家曾做过实验，将海月水母养殖在酸度水平极高的海水中，发现它们依然可以正常繁殖。不仅如此，实验发现，海洋变暖竟然还会极大地促进水母的繁殖能力。

除此之外，全球气候变化的另一个重要影响是降低了海洋中的氧气含量，这个现象已经在许多海域中被监测到了。像我们人类一样，水母也需要氧气才能生存。但科学家发现，与其他海洋生物相比，某些类型的水母能在氧含量更低的环境中生存。这意味着，海水中较低的氧气含量会让水母比其他海洋生物，包括其他类型的浮游生物更有生存优势。

6 亿岁的水母

　　在地球出现多细胞生物的漫长岁月中，这并不是水母第一次成为海洋乃至生物界的"霸主"。

　　考古发现，水母在地球上已经存在了约 6 亿年，经历过地球上所有发生过的生物灭绝事件，包括约 2.5 亿年前的二叠纪—三叠纪灭绝事件和发生于约 6600 万年前的白垩纪—古近纪灭绝事件。前者造成 96% 的海洋生物灭绝，而后者就是大家耳熟能详的"恐龙大灭绝"。

　　虽然已经发现和鉴定出的水母在体形上的差别非常大——小到直径仅为 0.5 毫米，大到直径可达 2 米，但它们都具有以下几个特点：没有大脑、血液、肺或心脏，而且全身 95% 以上都是水。依靠一个最基本的神经系统，水母能感知水中的光、震动和化学物质，感知重力，并识别方向。

"不死"超能力

　　令人惊讶的是，水母之所以能在地球上存活约 6 亿年，除了因为它具备"与海洋融为一体"的能力，更因为水母拥有的一种超能

► 灯塔水母的身体呈钟形，直径只有4～5毫米。在它透明的身体中，有一个红色的消化系统，看起来就像一个灯塔。

力——"长生不死"！科学家在对一种名为*灯塔水母*的研究中发现，水母自身可以进行细胞转化。当生病或衰老时，它竟能"返老还童"，通过再生延续自己的生命。

联合国有关组织预测，2050年世界人口将达到97亿。如果人类不停止过度捕捞，加之全球气候变化所造成的海水温度持续升高，海洋环境会进一步有利于水母生长。那么如此下去，水母就可能在地球的各个大洋中占据主导地位，成为海洋"霸主"。

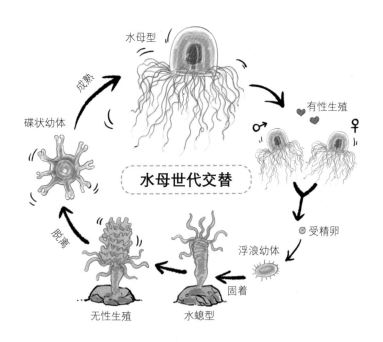

水母世代交替

水母型

成熟

碟状幼体

有性生殖

脱离

受精卵

浮浪幼体

无性生殖

水螅型

固着

○ 帕劳的水母湖内生活着数百万只水母

　　到那时，我们可能不会再为品尝不到味道鲜美的海鲜产品而遗憾，而是要担忧海洋中随处可见、随时发生的"水母风暴"了。

　　诚然，生物灭绝是我们地球历史的组成部分，但今天物种灭绝的速度却比以往任何时候都要快，气候变化是主要原因之一。每年，生物灭绝的清单上都会出现新的名字。幸好，我们仍有机会采取行动，共同应对气候变化，守护我们唯一的地球家园。

附录

地球演化大事记

与生物界的其他生物一样，人类自诞生以来的演化发展一直被有着几十亿年变化历史的地球自然环境，包括地球大气所"控制"。随着人类文明的发展，古人从对各类天气现象的敬畏，逐步开始了对天气的观测，所总结出的一些规律不但能够预测天气，还极大地帮助人类规划农业生产活动（如中国的二十四节气）。然而，自200多年前所发生的工业革命以来，人类对自然环境的影响不断增强。今天，人类一方面通过科学技术的进步，能够在全球几乎任何天气条件下生存；另一方面，人类活动也已经从根本上改变了百万年来地球大气原有的组成结构。而这一改变所可能引发的地球气候系统突变，对人类和地球上的绝大部分生物而言，也许是灾难性的！

经过10余年本科、硕士和博士研究生阶段的学习，再加上毕业后在高校教学、在研究所从事科研管理与规划工作，以及运营国际组织的20余年实际工作经历，我在气候变化对自然环境和人类社会的影响及我们如何应对这个问题方面，积累了一些可以与年青一代分享的个人体会。

　　对出生在21世纪的少年儿童而言，气候变化已不是几十年前科学家的"大胆"推测和计算机模型模拟出的科幻情景，而是他们的亲身体验。因此，生活在"气候变化时代"的每一个人，都应该了解和掌握一些气候变化的科学知识，以便在日常生活中能够理性地应对全球气候变化所带来的影响。这是我撰写本丛书的初衷。

　　本丛书能够得以出版，首先要感谢引领我进入气候变化科学研究领域的许多前辈科学家。在这里，我要特别感谢我的导师、国际著名气候学家、北京大学教授王绍武先生，是他的言传身教让我了解到成为一名科学工作者所必须具备的品质，也让我懂得要学会享受艰辛科研工作所带来的乐趣。美国科罗拉多大学的格兰茨（Glantz）教授是我要感谢的另一位导师，他打开了我通过社会角度看天气、气候及其变化影响的视野，指导了本丛书基本框架的形成。

其次，本丛书的责任编辑江冲女士是我最应该感谢的，是她首先向我提出了撰写本丛书的建议。同时，我要感谢连建军先生、魏晓曦女士、吕洁女士对本丛书的大力支持，使图书能够顺利获得出版社的立项。在过去一年的写作过程中，江冲女士不但在文稿的写作方式上给予我许多好建议，还充分发挥她的学术专业优势，对文稿中的科学事实和相关数据做了细致入微的校对，保证了图书的科学严谨性。另外，我还要感谢共同参与本丛书出版工作的各位编辑，包括王琰、孙琦、孙恩加、邓荃、窦畅等。

希望本丛书能够在提高公民气候科学素养方面发挥一定的作用，而良好的公民气候科学素养是保护我们脆弱的地球气候和生态系统所急需的。

2023 年 10 月 1 日

＊北京师范大学"高等学校学科创新引智计划"（综合灾害风险科学 2.0）成果，项目编号为 BP0820003。

我的读书笔记

亲爱的小读者，请你在这里记录下阅读本书时的
所思所感吧！

品牌介绍

　　知识无边界，学科划分不是为了割裂知识。中国自古有"多识于鸟兽草木之名""究天人之际，通古今之变"的通识理念，西方几百年来的科学发展历程也闪烁着通识的光芒。如今，通识正成为席卷全球的教育潮流。

　　"科学+"是青岛出版社旗下的少儿科普品牌，由权威科学家精心创作，从前沿科学主题出发，打破学科界限，带领青少年在多学科融合中感受求知的乐趣。

　　叶谦教授撰写的"地球气候之书"系列图书以气候变化为主题，以讲故事的形式带领读者回溯气候的演变轨迹，了解气候对生物进化与文明兴衰的影响，是"科学+"品牌推出的重点书系。